情報学へのとびら

加藤　浩・大西　仁

まえがき

　我が国が情報化社会と呼ばれるようになって久しい。情報化社会とは「コンピュータや通信技術の発達により、情報が物質やエネルギーと同等以上の資源とみなされ、その価値を中心にして機能・発展する社会。情報社会。（広辞苑第七版）」と定義される。

　このような社会において、より良く生きるためには、おびただしい情報の中から必要な情報を探し出し、真偽や価値を見極め、適切に活用したり、発信したりする知識や技能が必要になる。それを情報リテラシーと呼ぶ。

　本科目は情報リテラシーの基礎となる知識的な内容を扱っている。大学生であれば最低限知っておくべき情報通信技術に関する言葉やしくみ、および、インターネットを利用するためのルールやマナーをカバーしている。

　したがって、本科目は情報コースに所属しない学生にこそ履修してほしい。本科目を学習することによって、新聞やウェブで見聞きする情報関連の用語や、コンピュータやスマートフォンを自分で設定するときに目にする単語の意味やしくみが理解できるようになるであろう。さらに、インターネットは便利である反面、さまざまなリスクが待ち受けているが、そのリスクを回避することができるようになるだろう。たとえば、詐欺や不法取引などの犯罪に巻き込まれてしまう可能性もあれば、知らず知らずのうちに著作権法違反などの罪を犯してしまう可能性もある。こうしたことは、知らなかったでは済まされない。

　政府にデジタル庁が新設されたことを見ても分かるように、情報通信技術は、既に日常生活、産業、社会等において重要な役割を果たしてお

り、その役割は今後さらに重要性を増していく。したがって、どの分野について学ぶにしろ、情報通信技術に関する知識は必要である。本科目で扱う情報学の中核部分は、多くの学問領域で活用されるような普遍的な原理や技術を提供する学問、すなわちメタサイエンスである。

また、情報コースに所属する学生にとっては、専門科目のショーケースとなるであろう。情報学は学際的で多岐にわたる学問領域であるが、その共通部分に情報通信技術がある。本科目で扱う内容は広く浅いが、トピックごとに、より深く詳細に学ぶことができる専門科目が用意されているので、この後、何を履修すれば良いかの指針になるであろう。

ただし、情報リテラシーは知識と技能が両輪であり、本科目は知識が中心である。技能については、スキルを中心に置いた別科目や演習・実習形式の面接授業で補ってほしい。

2021 年 10 月

加藤　浩

大西　仁

目次

まえがき　　3

1 情報化する社会を生きる ｜ 加藤　浩　9
1. 情報化する社会と生活　　9
2. 情報リテラシー・ICT リテラシー　　10
3. 情報教育の進化　　13
4. 情報学とは何か　　16
5. 本科目の目的　　20

2 情報のデジタル表現とマルチメディア ｜ 加藤　浩　24
1. アナログとデジタルの違い　　24
2. デジタル情報処理　　25
3. デジタル情報処理はなぜ信頼性が高いのか　　32

3 コンピュータのしくみ ｜ 加藤　浩　40
1. パーソナルコンピュータの構成要素　　40
2. コンピュータにおける計算の原理　　44

4 ネットワークの歴史としくみ ｜ 加藤　浩　55
1. 回線接続からパケット交換へ　　55
2. インターネットのパケット配送方式　　61
3. DNS（Domain Name System）による名前解決のしくみ　　65

5 | インターネットの活用　　　｜ 加藤　浩　71
　　1. さまざまなプロトコル　71
　　2. ワールド・ワイド・ウェブ（World Wide Web：WWW）　76
　　3. 電子メール　80

6 | 情報リテラシーと情報倫理　｜ 児玉　晴男　87
　　1. ネット環境の情報活用能力　87
　　2. メディア　88
　　3. 情報リテラシー　90
　　4. 情報倫理　94
　　5. まとめ　98

7 | 情報セキュリティ技術　　｜ 大西　仁　100
　　1. 情報セキュリティ　100
　　2. 情報セキュリティへの脅威とその技術的背景　101
　　3. 情報セキュリティ対策技術　104
　　4. まとめ　113

8 | 情報社会と法律　　　　　｜ 児玉　晴男　116
　　1. 情報社会における法システム　116
　　2. 情報社会とIT基本法・サイバーセキュリティ基本法・官民
　　　データ活用推進基本法　117
　　3. 情報社会と知的財産基本法　122
　　4. 情報社会とコンテンツ基本法　125
　　5. まとめ　127

9 | **プログラミング(1)**　　　　　　　| 大西　仁　129
　　1. コンピュータの動作とプログラム　130
　　2. プログラミング言語　135
　　3. プログラミングとOS　139

10 | **プログラミング(2)**　　　　　　　| 大西　仁　145
　　1. プログラミングの実際　145
　　2. プログラミングの方法　157
　　3. まとめ　161

11 | **ユーザインタフェース**　　　　　| 大西　仁　164
　　1. ユーザインタフェース　164
　　2. ユーザインタフェースと使いやすさ　166
　　3. 五感インタフェースとマルチモーダルインタフェース　174
　　4. まとめ　177

12 | **データベースの基礎**　　　　　| 森本　容介　179
　　1. データベースとデータベース管理システム　179
　　2. リレーショナルモデル　187
　　3. まとめ　194

13 │ ソフトウェアの開発 │ 森本　容介　196

1. ソフトウェアの開発工程　196
2. ソフトウェアの開発モデル　202
3. データベースの設計　204
4. プロジェクトマネジメント　207
5. まとめ　209

14 │ データの活用 │ 大西　仁　212

1. データ活用　212
2. データの種類と性質　216
3. データの分布と要約　220
4. まとめ　228

15 │ 情報技術が変える社会 │ 大西　仁　231

1. デジタルトランスフォーメーション　231
2. サイバーフィジカルシステム　232
3. シェアリングエコノミー　239
4. まとめ　247

演習問題の解答　250

索引　256

1 | 情報化する社会を生きる

加藤 浩

《目標&ポイント》 情報化がもたらした社会の変化と、そこに生きる私たち
と情報との関係、および、情報化が諸学問に与えた影響と情報学との関係に
ついて述べる。また、放送大学における情報学の枠組みと本科目のねらいを
示す。
《キーワード》 情報リテラシー、ICTリテラシー、21世紀型スキル、情報弱
者、デジタルディバイド、情報教育、教科「情報」、データサイエンス、情
報学、メタサイエンス、一般情報処理教育

> 情報が私たちの世界を動かしていることを、私たちはも
> う分かっている。情報は血液であり、燃料であり、生命
> 力である。情報は科学の隅々にまで行き渡り、学問のあ
> らゆる分野を変えている。(Gleick, 2011)

1. 情報化する社会と生活

　近年の**情報通信技術**（Information and Communication Technology：
ICT）の発達は私たちの社会や生活に大きな変化をもたらしている。企
業経営においては、情報は人・モノ・金と並ぶ経営資源とみなされてお
り、情報を制するものがビジネスを制するという様相を呈している。ま
た、電気・ガス・水道・交通などの社会インフラでは、情報ネットワー
クで収集したデータを活用することで、より効率良く安全な運用管理が

行われるようになってきた。最近では、家電製品や車など、コンピュータ以外のモノが無線でインターネットに接続されるようになり（Internet of Things：IoT）それらが連携したり、それらが生み出す**ビッグデータ**を分析したりすることで、新たな価値が生み出されるようになってきた。

　生活面では、モノやサービスの売買や貸し借りが個人間で直接取引されるようになったり、在宅勤務が普及したりなど、ライフスタイルの変革が起きている。私たちの日常行動も、移動通信システムの発達により、昔は、待ち合わせの際には明確に時間と場所を取り決めたものだが、現在ではおおよその時刻と場所だけを申し合わせておいて、そのときになってスマートフォンで調整するというやり方に変わってきた。

　このように、情報化は日本社会の隅々にまで行き渡り、私たちは好むと好まざるとにかかわらず情報に依存し、それなしでは生活が成り立たなくなっている。このような社会を**情報化社会**と呼ぶ。

2. 情報リテラシー・ICTリテラシー

　情報化社会で流通するあふれんばかりの情報は、この社会でより良く生きるために必要不可欠である反面、私たちを混乱させ、過ちを誘発する原因にもなっている。圧倒的な情報の渦の中で、それに溺れず、必要な情報を探し出し、情報の質を見極めながら適切に活用する能力は、現代を生きる私たちにとって必須の能力であると言えよう。

　そのような能力は**情報リテラシー**と呼ばれる。情報リテラシーとは、「情報が必要なときを認識し、必要な情報を見つけ出し、評価し、効果的に利用する能力（American Library Association, 1989）」とされており、それには、情報を利用し評価・管理することと効率的にテクノロジを応用することが含まれる。

　さらに情報化社会を支えるICTは、私たちの社会生活を便利で効率

的なものにしてくれているが、その反面、四六時中どこにいても電子メールやソーシャルネットワークサービス（SNS）をチェックしなければ不安になるという脅迫観念や、個人の行動が逐一監視される社会を生み出すなど、負の側面もあることを忘れてはならない。ICTの良い面も悪い面も知ったうえで、賢くICTを使いこなすことがこの情報化社会で生きていくために必要なのである。

　そのような能力は**ICTリテラシー**と呼ばれる。ICTリテラシーとは、「知識社会において何らかの機能を果たすことを目的として、情報にアクセスし、情報を管理し、統合し、評価し、創造するために、デジタル技術やコミュニケーションツールやネットワークを使う能力（International ICT Literacy Panel, 2002）」とされ、それには、ICTを利用し評価すること、メディアを分析し制作すること、情報を活用し管理すること、正直かつ誠実にテクノロジを活用することが含まれる。

　情報リテラシーとICTリテラシーとは重なる部分が多いが、ICT活用にとどまらない情報活用も視野に入れていることから、情報リテラシーの方がより包括的な概念である。

　「**21世紀型スキル**の学びと評価プロジェクト（ATC21S）」は、世界各国の著名な教育研究者の協力のもとに、CISCOやIntelやMicrosoftなどのICT企業がスポンサーとなって2009年に発足したプロジェクトであり、21世紀の社会人にとって業務上必要となるスキルを定義し、それをどう評価し、育成するかを検討した。表1-1に示すのが、21世紀型スキルの枠組みとして定義された10個のスキルである。

　この枠組みの中に、「働くためのツール」として情報リテラシーとICTリテラシーがともに挙げられていることからも、その重要性が分かる。

　このように、現代、そして未来の社会でより良く生きるために、情報

表1-1　21世紀型スキルの枠組み（グリフィン、マクゴー、ケア、2014）

思考の方法
 1. 創造性とイノベーション
 2. 批判的思考、問題解決、意思決定
 3. 学び方の学習、メタ認知

働く方法
 4. コミュニケーション
 5. コラボレーション（チームワーク）

働くためのツール
 6. 情報リテラシー
 7. ICTリテラシー

世界の中で生きる
 8. 地域とグローバルのよい市民であること（シチズンシップ）
 9. 人生とキャリア発達
 10. 個人の責任と社会責任（異文化理解と異文化適応能力を含む）

リテラシー・ICTリテラシーが必要であることは、衆目の一致するところであるが、現代社会にも、さまざまな事情で**情報弱者**と呼ばれるICTを利用できない人々がいる。それは国家の経済力が弱いために情報インフラが整備されていない国であったり、一国の中でも地理的・経済的な要因でICTが使えない地域であったり、また、インフラはあっても経済的にICT環境を整えられない人々であったり、経済力はあっても高齢化や教育の問題でICTを使う知識・技能がない人であったり、身体的な障がいでICT機器の操作ができない人であったりなど、さまざまなレベルで存在する。情報弱者はICTが使えないことにより、情報の獲得・流通・活用において不利益を被り、それが生活の質や経済力や社会的地位の格差を拡大するという悪循環が生じる。この現象は**デジタルディバイド**（情報格差）と呼ばれ、2000年の沖縄サミットで取り上げ

られるなど、世界的な問題として認識されている。

3. 情報教育の進化

このように現代を生きるための能力として情報リテラシー・ICTリテラシーの必要性が叫ばれるのに呼応して、それを修得するために公教育でも**情報教育**が導入されてきている。

日本では1989年から中学校「技術・家庭」科において、選択領域として「情報基礎」が新設され、1998年には必履修化された。高校では2003年に教科「情報」が新設され、情報A～Cの3科目中1科目が選択必履修となった。そして、2020年からは小学校でもプログラミング教育が必履修化された。とくにプログラミング教育は2021年からは中学校、2022年からは高等学校でも必履修となり、近い将来、制度的には若者は全員プログラミングができる時代が到来する。

高等学校学習指導要領（平成30年告示）（文部科学省）では、教科情報の目的は次のようになっている。

情報に関する科学的な見方・考え方を働かせ、情報技術を活用して問題の発見・解決を行う学習活動を通して、問題の発見・解決に向けて情報と情報技術を適切かつ効果的に活用し、情報社会に主体的に参画するための資質・能力を次のとおり育成することを目指す。
(1) 情報と情報技術及びこれらを活用して問題を発見・解決する方法について理解を深め技能を習得するとともに、情報社会と人との関わりについての理解を深めるようにする。
(2) さまざまな事象を情報とその結び付きとして捉え、問題の発見・解決に向けて情報と情報技術を適切かつ効果的に活用する力を養う。
(3) 情報と情報技術を適切に活用するとともに、情報社会に主体的に参画する態度を養う。

　これを読むと「問題の発見・解決」という言葉が随所にちりばめられており、情報教育がICTを手段として実社会における問題解決の方法を学ぶ教科として位置づけられていることがよく分かる。

　それでは具体的に高校生が共通必履修科目「情報Ⅰ」（2022年施行）で何を学んでいるかを見てみよう。以下は、高等学校学習指導要領（平成30年公示）（文部科学省）から情報Ⅰの内容を抜粋し、さらに一部を筆者がキーワード化したものである。

⑴　情報社会の問題解決
　情報と情報技術を活用した問題の発見・解決の方法に着目し、情報社会の問題を発見・解決する活動を通して、次の事項を身に付けることができるよう指導する。
《キーワード》情報やメディアの特性、問題を発見・解決する方法、情報に関する法規や制度、情報セキュリティ、個人の責任及び情報モラル、情報技術が人や社会に果たす役割と影響
⑵　コミュニケーションと情報デザイン
　メディアとコミュニケーション手段及び情報デザインに着目し、目的や状況に応じて受け手に分かりやすく情報を伝える活動を通して、次の事項を身に付けることができるよう指導する。
《キーワード》コミュニケーション手段の特徴、情報デザイン、効果的なコミュニケーション
⑶　コンピュータとプログラミング
　コンピュータで情報が処理されるしくみに着目し、プログラミングやシミュレーションによって問題を発見・解決する活動を通して、次の事項を身に付けることができるよう指導する。
《キーワード》コンピュータや外部装置のしくみや特徴、コンピュータでの情報の内部表現と計算に関する限界、アルゴリズム、プログラミング、モデル化、シミュレーション

⑷　情報通信ネットワークとデータの活用
　情報通信ネットワークを介して流通するデータに着目し、情報通信ネットワークや情報システムにより提供されるサービスを活用し、問題を発見・解決する活動を通して、次の事項を身に付けることができるよう指導する。
《キーワード》情報通信ネットワークのしくみ、プロトコル、情報セキュリティ、データを収集、整理、蓄積、管理、分析、表現する方法、ネットサービスのしくみと特徴

　これらには、以前は大学の情報教育で扱われていた内容も多く含まれている。つまり、公教育全体として、情報教育の前倒し、対象者拡大（必履修化）、内容の高度化が進んでいるのである。

　加えて、近年、数理・データサイエンス・AI（Artificial Intelligence：人工知能）教育の必要性が叫ばれるようになっている。**データサイエンス**とは、データから価値を生み出す方法に関する学問領域で、情報科学、計算機科学、統計学、ビジネスなどの学際的領域である。2019年に閣議決定された統合イノベーション戦略2019において「数理・データサイエンス・AIに関わる知識・素養が、社会生活の基本的素養である『読み・書き・そろばん』と同様に極めて重要になって」いるとして、「初等中等教育から高等教育までの一貫した情報教育や数理・データサイエンス・AIに関する教育を推進し、全ての国民がAIリテラシーを習得できるようにする」ことを具体的施策として掲げている。これに従い、その施策が高等教育を嚆矢として、着々と進められている。

　データサイエンスを実践するためは、コンピュータなどのICT技術が活用できることが必須であり、そういう意味で、ICTリテラシーがデータサイエンスを学ぶ基礎としても重要な知識技能になっている。

4. 情報学とは何か

　情報化の進展によって大きな変化が生じているのは学問もまた例外ではない。計算能力・情報処理能力の量的拡大は、従来は現実的でなかった研究手法を可能にした。そのひとつは、大量のデータを処理する研究手法である。たとえば、過去の膨大な文書を電子化して、特定の言葉の出現頻度や用法の変遷を調べるような研究はコンピュータなしでは現実的ではない。また、高い計算能力が可能にした研究手法の典型はコンピュータシミュレーションである。ある自然現象や社会現象を説明する数理的なモデルを構築し、シミュレーションを用いてその挙動を調べ、その結果を現実の現象から得られたデータと比較検討することでモデルの妥当性を検証するという研究手法もコンピュータならではと言える。

　さらには、センサー技術と情報ネットワーク技術によって、従来では得られなかったような種類の情報や、多量の情報を瞬時に得ることができるようになったことも新たな研究領域を生み出した。たとえば、行動生態学は全地球測位システム（Global Positioning System：GPS）を内蔵したセンサーを動物に取り付けて放すという調査手法が可能になったことで大きく発展した。あるいは、SNSに書き込まれている膨大な量のテキスト情報を分析して、旬の話題を抽出したり、商品の印象を調べてマーケティングに活かしたりすることなどは、すでに実用段階にある。

　ほかにも、情報化によって社会や生活や人びとの心がどう変わったかという研究や、インターネットでして良いこと・悪いことの規準のあり方の研究など、情報化社会の進展に伴って必要となった新しい研究領域もある。

　このようにICTは既存の学問に新たな研究手法をもたらし、新しい

研究課題を生み出した。そのため、従来の学問領域の問題関心を引き継いでいる面もある一方、ICTを方法論としているという共通点も持っている。したがって、それは既存の学問領域で括ることもできるし、ICTを共通項とする新たな学問領域として括ることもできる。このことは見方によって、既存の学問体系を広げたとも、新たな学問領域を拓いたとも言うことができるだろう。後者の学問領域が情報学である。情報学は、例えば数学のように、多くの学問領域で活用されるような普遍的な原理や技術を提供する学問、すなわち**メタサイエンス**の1つである。

　このような理由により、情報学は本質的に学際的であり、明確に定義することは難しいが、2016年3月に日本学術会議が公開した情報学の参照基準における定義が我が国の公式な定義ということになろう。参照基準とは大学教育の分野別質保証に資するために、大学学士専門課程で教えるべき知識体系と、育成すべき能力を整理したものであり、大学がカリキュラムを作成する際の基準となるものである。それによると情報学は次のように定義されている。

> 情報学は、情報によって世界に意味と秩序をもたらすとともに社会的価値を創造することを目的とし、情報の生成・探索・表現・蓄積・管理・認識・分析・変換・伝達に関わる原理と技術を探求する学問である。情報学を構成する諸分野は、単に情報を扱うというだけではなく、情報と対象、情報と情報の関連を調べることにより、情報がもたらす意味や秩序を探求している。さらに、情報によって価値、特に社会的価値を創造することを目指している。（日本学術会議情報学委員会情報科学技術教育分科会, 2016）

しかし、この定義に従えば、諸科学との境界において恒常的に生み出されている応用分野もすべて情報学に含まれることになるので、

> 本参照基準では、社会情報学までを含む最も基本的な中核部分に焦点をしぼって情報学を記述することにする。すなわち、本参照基準が定義する情報学は、応用分野までも含む広義の情報学ではなく、情報学の中核部分である。(ibid.)

すなわち、狭義の情報学は広義の情報学に共通する「最も基本的な中核部分」であり、諸科学を覆うメタサイエンスでもある。それは参照基準では次のように5つの分類に従って体系化されている。

（ア）情報一般の原理
（イ）コンピュータで処理される情報の原理
（ウ）情報を扱う機械および機構を設計し実現するための技術
（エ）情報を扱う人間社会に関する理解
（オ）社会において情報を扱うシステムを構築し活用するための技術・制度・組織

　日本学術会議情報学委員会情報学教育分科会はこの参照基準に基づき、初等教育から高等教育までの各段階について、何を学ぶことが望まれるかを検討・整理し、現実的で具体的な指針を提案している（日本学術会議情報学委員会情報学教育分科会, 2020）。
　その学習内容は次の6領域に整理されている。

① 情報とコンピュータのしくみ：情報およびコンピュータの原理

② プログラミング：モデル化とシミュレーション・最適化、計算モデル的思考、プログラムの活用と構築

③ 情報の整理や作成・データの扱い：情報の整理と創造、データとその扱い

④ 情報コミュニケーションやメディアの理解：コミュニケーションとメディアおよび協調作業

⑤ 情報社会における情報の倫理と活用：情報社会・メディアと倫理・法・制度

⑥ ジェネリックスキル：論理性と客観性、システム的思考、問題解決

　一方、放送大学の情報コースでは狭義の情報学を①数理系、②ソフトウェア系、③マルチメディア系、④ヒューマン系、⑤情報基盤系という5つの領域にカテゴリー分けし、カリキュラムを構成している。それぞれは次のような内容であり、分類の切口は日本学術会議情報学委員会とは異なるが、内容の範囲はほぼカバーしている。

①数理系

　対象を数理モデルとして定式化して、対象の特性を分析したり、ふるまいを予測したりする方法を学ぶ。ソフトウェア、システム、自然、社会といった対象に関わる問題を合理的に解決するための基礎的な知識を獲得する。

②ソフトウェア系

　コンピュータを動かすソフトウェアについて、基本動作原理や開発手順、ソフトウェアを記述するための言語とそのしくみを学ぶ。ソフトウェアを設計したり、構築したりするための基礎的な知識を獲得する。

③マルチメディア系

　文字、静止画、動画、音声といったさまざまな形態の情報について、その基本的な技術と扱い方、日常生活における活用方法を学ぶ。マルチメディア情報を効果的に扱うための表現方法や処理技術などの知識を獲得する。

④ヒューマン系

　ICTを活用したシステムやサービスと、その利用者や社会との関係について学ぶ。人間とコンピュータとの相互作用において生じるさまざまな問題の解決方法、教育や法、倫理といった情報化社会を生きるための知識を獲得する。

⑤情報基盤系

　現代社会を支える情報ネットワークについて、その技術的な基礎と実生活への応用や、正しい利用方法を学ぶ。情報ネットワークをより有効に、積極的に活用するための知識を獲得する。

5. 本科目の目的

　本科目の目的は以下の2つである。
　①情報リテラシー・ICTリテラシーの知識的理解
　②狭義の情報学の概略的な理解

　まず、①の情報リテラシー・ICTリテラシーは、第2節で述べたように、今後ますます重要になる。そこで、これらに関する知識的な内容を本科目で学ぶ。

　我が国の学校教育で、情報教育が進展していることは第3節で述べた通りで、若い世代は情報リテラシー・ICTリテラシーを身につけて社会に出る。しかし、1980年代以前に生まれた人の中には、そのような教育を受ける機会がなかった人も多かろう。そこで、大学生として最低限

知っておくべきと考えられる知識を本科目でカバーする。それは、当然のことながら高等学校で学ぶよりは詳しい内容が含まれる。したがって、既に高等学校で「情報」を履修した方にとっても新しい内容が含まれているだろう。

　我が国の情報教育を中核となって推進してきた情報処理学会では、情報系・非情報系を問わず全分野の学生の大学1・2年次（一般教養課程に相当）に対する情報教育を**一般情報教育**と呼び、その知識体系とカリキュラム例を発表している（情報処理学会、2018）。

　本科目はこれを参考にして構成した。ただし、本科目は知識的な内容が主であり、スキル的な内容は少ない。知識だけでは情報リテラシー・ICTリテラシーが身についたとは言えないのも事実である。スキルについては、スキルを中心に置いた別科目や面接授業の情報演習科目で補ってほしい。

　次に、目的の②については、本科目は情報学の基礎であり、共通部分である情報科学・計算機科学を中心に、情報倫理や情報関係法などを含めて、広く浅く扱っている。各回の内容には、それに関連する専門科目があるので、興味を持ってより深く学習したい方には、その専門科目を履修することをお薦めする。そういう意味では、本科目は情報コースの科目のショーケースという性格もある。ただし、どの科目がそれに相当するかは、科目の開講期間の違いから、年度によって科目名が変わっている可能性があるので、各自シラバスを見て探してほしい。

参考文献

［1］ American Library Association.Presidential Committee on Informatin Literacy: Final Report. In P. S. Breivik (Ed.), *Student Learning in the Information Age*. Phoenix: Oryx Press. (1989).

［2］ Gleick, J. *The Information: A History, a Theory, a Flood*: Knopf Doubleday Publishing Group. (2011).

［3］ International ICT Literacy Panel. *Digital Transformation: A Framework for ICT Literac*. Retrieved from https://pdf-release.net/external/1099929/pdf-release-dot-net-ictreport.pdf (2002).

［4］ グリフィン，P.，マクゴー，B.，＆ケア，E. 『21世紀型スキル』（三宅なほみ，益川弘如，＆望月俊男，Trans.）. 京都：北大路書房. (2014).

［5］ 情報処理学会. カリキュラム標準一般情報処理教育（GE）. (2018). Retrieved from https://www.ipsj.or.jp/annai/committee/education/j07/ed_j17-GE.html

［6］ 日本学術会議情報学委員会情報科学技術教育分科会『大学教育の分野別質保証のための教育課程編成上の参照基準情報学分野』(2016).

［7］ 日本学術会議情報学委員会情報学教育分科会『情報教育課程の設計指針―初等教育から高等教育まで』(2020).

演習問題

1.1 今日一日を振り返って、どういう情報メディアに接触し、どういう情報を得たかを列挙せよ。

1.2 次の文の空欄に最もよく当てはまる語句をそれぞれ答えよ。

　　情報が必要なときを認識し、必要な情報を見つけ出し、評価し、効果的に利用する能力を（　①　）リテラシーと呼ぶが、それがこれからの時代を生きる社会人に必須であることは、それが（　②　）型スキルに含まれていることからも分かる。しかし、それ以前に、ICTがさまざまな原因で使えない状況にある人びとである（　③　）が存在し、ICTを活用できる人びととの経済的・社会的格差が広がっている。この社会問題を（　④　）という。

2 | 情報のデジタル表現とマルチメディア

加藤 浩

《**目標＆ポイント**》　デジタル情報処理のプロセスを学ぶことを通して、デジタルの本質と特徴を理解する。
《**キーワード**》　アナログ、デジタル、符号化、標本化、量子化、二進数、十六進数、誤り検出符号、誤り訂正符号、プロトコル

---

1. アナログとデジタルの違い

　アナログとデジタルの違いを、体温計を例にとって考えてみよう。昔の体温計は、水銀の体積が温度上昇とともに膨張する現象を利用して、水銀だまりに接続した細い管の中を昇っていく水銀の長さを、管につけた目盛りで読み取る。このような表示方式は「**アナログ**」と呼ばれる。アナログの語源は「比例」を意味し、計測対象となる温度などの物理量

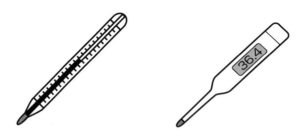

図2-1　アナログ体温計とデジタル体温計

が、それに比例する長さや角度などの物理量で表現されている。物理量の間の関係は自然法則によって支配されているが、物理量を数値に直すのは人の作業である。一方、近年の体温計は、温度がもともと数値で表示されており、人が物理量を読み取る必要がない。このような数値で表示する方式は「**デジタル**」と呼ばれる。

　アナログとデジタルの本質的な違いは、物理量を物理量のまま取り扱うか、物理量を数値に変換して取り扱うかという点にある。たとえば、アナログのレコード盤は音の波形が、レコード盤の溝の凹凸に対応している。これは音の圧力という物理量の変化を溝の凹凸という物理量の変化に変換して記録しているといえる。一方、デジタルのCDでは、音の圧力を非常に短い時間間隔で計測し、得られた一連の数値を一定の形式で書き込んである。つまり、音圧という物理量は計測され、数値に変換されて記録されている。

　一般にはアナログは古く、デジタルは新しいというイメージがあって、デジタルの方が正確であると捉えられている。その最たるものがコンピュータで、コンピュータは速くて正確であるものの代名詞となっている。以下ではコンピュータでは情報がどのように表現されていて、どういう点でアナログよりも正確なのかを解説する。

2. デジタル情報処理

（1）デジタル情報処理とは

　単純化していえば、情報を**デジタル化**するとは、情報を一連の数値に変換することである。とはいえ、情報にも、文章、音声、画像、動画などさまざまな形態があって、数値とは縁遠く感じられるかもしれない。デジタル情報処理ではさまざまな形態の情報の一面を切り出して数値にする。たとえば、文章ならば文字の種類、音声ならば一定の時間間隔の

図2-2 デジタル情報処理

音圧、画像ならばそれを構成する多数の画素[1] の色に着目して、それを数値列で表現する。数値は人間にとって理解しやすい形態ではないが、コンピュータで計算するのには適しており、何らかの処理（計算）がその数値列に対して施される。そして、処理し終わったデータを人間が知覚しやすくするために、再び何らかの物理量に戻す場合がある。この操作は**アナログ化**と呼ばれる。

　つまり、図2-2にあるように、物理量を数値列に変換し、それを計算し、その計算結果をまた物理量に戻すというのが一般的なデジタル情報処理のプロセスになる。

（2）デジタル化

　デジタル化の際には、情報のある側面のみに着目した抽象化が行われる。たとえば、文章をテキスト形式の電子メールで送るときには、文字1つひとつがその文字に固有の番号（文字コード）に変換される。現実に私たちが目にする文字には、大きさと色と書体という情報も含まれているが、文字コードは文字の種類しか表しておらず、大きさや色や書体に関する情報は含まれていない。すなわち、文章を電子メール用に変換する際には、文字の種類以外の情報は捨てられる。受け取ったメールを表示する際の字の大きさや色や書体などは、受信側で適当に補っているのである。

---

1)　画像を細かいマス目に区切って、その1つひとつに単色を割り当てる。そのマス目を画素と呼ぶ。マス目が十分に細かければ肉眼ではなめらかな画像に見える。

　このように、デジタル化においては、必要とされる情報以外の情報は捨象されるので、何らかの情報の欠落・劣化が起きている。一般にはデジタルは誤差がないというイメージがあるが、それに反して、デジタル化の際にはこのような抽象化に伴う誤差が生じる。

　しかし、デジタルの真骨頂はその後の処理である。いったん情報が数値になってしまえば、後の情報処理の過程では原理的に誤差や誤りは生じない。コンピュータの計算の速さと正確さはよく知られるところであり、計算過程で欠落や誤りが生じることは理論的にほとんど起こり得ない。なぜ、デジタル情報処理で誤差が生じないかは後で説明する。

　一方のアナログ情報処理では、何らかの物理量をそのまま、何の判断も加えずに取り扱う。たとえば、文章をフィルムカメラで撮影すると、フィルム上には文字の大きさ、色、書体、カスレなどがそのまま写し取られる。その過程に、光学的な機構は介在してるが、何らかの人為的な判断が加えられているわけではない。しかし、たとえば、レンズにほこりがつくなどで、情報に欠落や誤りが生じることがある。それは現実的には不可避である。そして、撮影した写真を、そのほこりが付いたカメラで複写すると、さらに新たな情報の欠落が加わるし、写真の品質も劣化する。つまり、アナログ情報処理を繰り返して行うと、欠落や誤りや品質の劣化が累積していく。

　結局、デジタル情報処理ではデジタル化の際に情報の劣化が生じるが、その後の処理においては劣化が生じないのに対して、アナログ情報処理では処理のたびに情報の劣化が生じ、それが累積していくのである。

（3）デジタル化の例：音声符号化
　ここでは数値とは縁遠いと思われる音声を例にとって、具体的なデジ

タル化の方法を説明しよう。音声は空気を媒体とする縦波（疎密波）である。音をマイクロホンで拾うと、音波がマイクロホンに内蔵されている振動板を震わせ、その機械的振動が電気信号に変換されて出力される。この結果、音の波形（時間的変化）と電気信号の波形が相似形になる。すなわち、ここまではアナログ情報処理である。

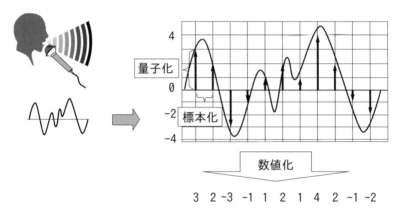

図2-3　音声の符号化

　次に、その電気信号を一定の時間間隔（周期）で計測する。この操作を**標本化**と呼ぶ。標本化するということは、計測の瞬間以外の音圧情報はすべて捨てていることになる。失われる情報を最小限にとどめようとするならば、可能な限り短い周期で標本化すればよい。しかし、周期を短くすればするほど、単位時間当たりの計測回数（周波数[2]）が増えるので、それに比例してデータの量が増加する。そうなると、計算処理や記憶装置に負担をかけることになるので、データ量はある程度のところで抑えたい。したがって、標本化の周期をどのように決めるかというこ

2)　周期の逆数が周波数である。

とが問題になる。これに解答を与えたのが**標本化定理**[3]という数学定理
である。それによると、元のアナログ信号に含まれている[4]周波数の最
大値をWとおくと、その倍の$2W$以上の周波数（または、半分の$\frac{1}{2W}$
以下の周期）で標本化を行えば、元の連続量の波形を完全に復元できる
という。たとえば、CDは音声を毎秒44,100回（22.7マイクロ秒間隔）
計測を行う。標本化定理によれば、その半分の周波数までは復元できる
ので、理論上は22,050Hzの音まで再現可能である。人間の可聴周波数
帯はおよそ20〜20,000Hzと言われているので、CDの再生音は可聴域を
カバーできていることが分かる。逆に言えば、自然音に含まれる、
22,050Hzより高い周波数の音はCDでは再現できない。これは情報を切
り捨てているとも言えるが、もともと人間が知覚することができない高
い音なので問題とならないのである。

　また、計測を行うときにどの程度の精度で計測するかも問題である。
音圧は連続値であるので、理論上は計測の精度を高めることでどこまで
も細かく計測することができる。しかし、細かく計測すればするほど、
それを表現するために桁数[5]が必要になりデータの量が増加する。そこ
で、一定の有効桁数を定めて、その桁数以下は四捨五入をして値を丸め
る操作が必要になる。この連続量を離散値の数値に変換する操作を**量子
化**と呼ぶ。たとえば、有効桁数を3桁とすると、真の値が36.95から
37.0499…までの範囲内にあるときには数値を丸めて37.0とする。切り
捨てたり繰り上げたりした分は誤差となる。

3）　この定理の詳細については高度な数学が必要になるので省略するが、知りたい
方は、有名な定理であるのでインターネットや書籍から容易にその情報は入手で
きる。
4）　任意の信号波形は、フーリエ変換という操作によりさまざまな周波数成分の和
に分解できる。
5）　誤差が含まれない桁数を有効桁数と呼び、それよりも細かい値は計測しても意
味がない。

このようにして、音声からそれを再現可能な数値列を生成しているが、標本化と量子化には必然的に誤差が伴うことには注意してほしい。

（4）数値の二進数表現

ここでは情報を**符号化**して得られた数値が、最終的に1と0の羅列に変換できることを示す。私たちがふだん使っている数は、0から9までの10種類の数字を用いて数を表現するので**十進数**といい、この10を基数という。位取り記法では1桁目は基数の0乗（すなわち1）の位、2桁目は基数の1乗（すなわち基数）の位、3桁目は基数の2乗の位、…というようになる。たとえば、十進数の246は

$$246_{(10)} = 2 \times 10^2 + 4 \times 10^1 + 6 \times 10^0$$

の意味である。なお、246の右下についている（10）はこれが十進数であることを表し、十進数の場合はこれを省略できる。この考え方を使えば、2以上の任意の正の整数nについてnを基数とするn進数が作れる。たとえば、012の3種類の数字を使った三進数を考えよう。三進数の$120_{(3)}$を十進数に直すと次のような計算で$15_{(10)}$となる。

$$120_{(3)} = 1 \times 3^2 + 2 \times 3^1 + 0 \times 3^0 = 15_{(10)}$$

実際のデジタル情報処理では電子回路を用いるため、電圧の高低、電流の有無、磁性のNSなどで2つの状態を取り扱うのが都合が良いことから、数字の0と1を使った**二進数**が使われる。たとえば、二進数の$1111_{(2)}$は次のような計算で十進数の$15_{(10)}$となる。

$$1111_{(2)} = 1 \times 2^3 + 1 \times 2^2 + 1 \times 2^1 + 1 \times 2^0 = 15_{(10)}$$

4桁の二進数では$0000_{(2)}$から$1111_{(2)}$まで、すなわち$0_{(10)}$から$15_{(10)}$まで

の16通りの数が表現できる。これを0～9、A、B、C、D、E、Fの16種類の記号に対応させれば**十六進数**で表現できる。すなわち、

$$1111_{(2)} = 15_{(10)} = F_{(16)}{}^{6)}$$

である。十六進数は二進数と相互の変換が容易で、二進数よりも取り扱いやすいので、よく用いられる。

　ちなみに、二進数の桁はビットと呼び、8ビットを1つの単位として取り扱うことが多いので、8ビットを1バイトと呼ぶ。1バイトの二進数は、4桁ずつ上位と下位に分割して十六進数2桁で、

$$00101110_{(2)} = 2E_{(16)}$$

のように表す。

　1024バイトを1Kバイトと表す。国際単位系ではkは普通は1000の単位を表すが、コンピュータの世界では二進数で切りのいい数（2^{10}）である1024が用いられることがある[7]。以下、同様に1024Kバイト = 1Mバイト、1024Mバイト = 1Gバイトである。

　紙面の関係で省略するが、十進数を二進数に変換することも容易であるし、二進数で負の数や小数を表す方法もある。

　結局、二進数を使えば、あらゆる数値が1と0のみで表される。この1と0とは、電圧の高低以外にも、電流の有無、光の明滅、のろしの煙の有無、CDのトラック上の穴の有無、磁性のNとSなどに対応させて表現することができる。このとき、1と0をどちらの状態に割り当てて

---

6)　十六進数は0xとかxを頭につけてx2Eのような表記法が一般的である。
7)　国際単位系ではkを1024倍とすることを認めておらず、記憶媒体の容量などは普通の1000倍で表示することが多いが、主要なパソコンの基本ソフトでは1024倍を採用しており、混在しているのが現状である。

も構わない。要するに1と0とは、2つの異なる状態を抽象化して表現したものである。重要なのは、最低限2つの状態が存在し、それらが明瞭に区別できること、すなわち、**差異**である。つまり、情報の本質は物質的な意味でのモノではなく、関係なのである。

（5）マルチメディアとは

　これまで述べたような方法で、情報を1と0の羅列に変換してしまえば、それが何を表すものであれ、単なるファイルとなり、その処理手段は一元化できる。アナログ情報では、文章は紙、音声はオーディオテープ、画像は写真などのように、情報の形態と保存媒体（メディア）が強く結びついていたのと対照的に、デジタル情報では形態ごとのメディアを用意する必要がない。すなわち、情報の形態に関係なくファイルになるので、ハードディスクに保存したり、インターネットで送付したり、コンピュータを使って計算処理したりできる。もちろん、動画のデータはふつう文章のデータよりも格段にサイズが大きいので、大容量の記憶装置や高速なコンピュータなどが必要になるが、それは単に量的な問題であって、処理手段が異なるわけではない。

　マルチメディアというのは、このようにあらゆる形態の情報がコンピュータによって一元的に取り扱うことができることをいう。

3. デジタル情報処理はなぜ信頼性が高いのか

　デジタル化の項でデジタル化後の情報処理では情報の劣化が起きないと述べたが、本節ではその理由を説明する。

　まず、デジタル信号は信号レベルで劣化を修復可能である。例として、$101110_{(2)}$を電気信号に変換して、伝送する場合を考えてみよう。図2-4の左上は二進数の数値を1を＋aボルト、0を−aボルトの電気信号

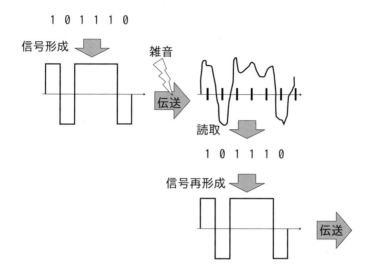

図2-4　デジタル信号の劣化からの修復

に変換している。グラフは、横軸が時間で縦軸が電圧であり、電圧の時間的変化を表す。その信号を電線を通して離れた場所に送ると、受信側の電気信号の波形は、さまざまな原因によって送信時の波形とは異なるものになる。すなわち、**雑音**が混入する。その状態を表したのが、右上の波形の崩れたグラフである。雑音の混入は原理的に不可避である。受信側では、その崩れた受信信号を、一定間隔で計測し、それが＋側か−側かを読み取って再び数値列に直す。読み取った結果は$101110_{(2)}$となり、雑音の影響が排除され、符号が正しく読み取られている。かりに、この受信側が信号の中継点だとしたら、その数値列から新たに信号を形成して送れば、見かけ上、崩れた波形は中継点で修復されたように見える。

　しかし、この方法が有効なのは、雑音が十分に小さく、読み取り誤り

を生じない程度である場合である。雑音が大きいために、符号を誤って読み取ってしまったら、その誤りは修復されない。

　そこで、誤りが生じたらそのことを検出できる機能をもった符号化方式が用いられる。**誤り検出符号化**には多くの洗練された方式があるが、最も単純な方式は、一定のビット数ごとに、1の数が奇数、あるいは偶数になるように、もう1ビットを加える方法である。その桁は**パリティビット**と呼ばれる。たとえば、$0101110_{(2)}$の後ろに偶数パリティビットを1ビット付加すると$01011100_{(2)}$となる。偶数パリティビットの値は符号中の1の数の合計が偶数になるように定めるので、この場合は0を付加して1の数が4個になるようにしている。

　もしも、雑音によりこの符号中のどこか1ビットが誤って反転（1が0、または0が1になること）したとすると、1の個数が奇数になる。たとえば、最後のパリティビットに誤りが生じたとすると、符号は$01011101_{(2)}$となり、1の数が奇数（5個）である。そうするとこの中のどこかのビットに誤りがあることがわかる。

　この方法が有効なのは、誤りが起こる確率が十分に低く、誤りが生じたとしても符号単位の中で1ビット以内の場合である。もし誤りが2箇所で生じると、1の数が偶数になってしまうため、この方法では誤りが検出できない。符号の単位を大きくしてしまうと、2箇所の誤りが起こる確率も増えるので、符号単位を何ビットにするかという点も重要である。7ビットに対してパリティビットをつけて8ビット単位にするよりも、3ビットにパリティビットをつけて4ビットにする方が信頼性は高くなる。しかし、前者は8ビット中の7ビットが情報表現に利用できるのに対して、後者は4ビット中の3ビットしか利用できないので効率が劣る。

　さて、パリティビットによって誤りがあることが検出された場合、誤

りが生じたのが何桁めかまでは分からないので、その符号全体が信頼できないということになる。その場合、なすべきことは、その符号をすべて破棄し、必要ならば再送してもらうことである。「必要ならば」というのは、その情報が欠落してもあまり大きな問題にならないような場合もあるからである。たとえば、実時間で音声通話している場合などは、情報が欠落すると音声にはノイズとなって表れるが、情報の欠落がわずかならば、そのノイズの出現時間も短くなる。他方、後述するように誤りが検出された符号を再送すると時間がかかるため、音声が再生されるまでに遅延が生じる。遅延によって会話のリズムが悪くなるよりは、音声に少々のノイズが混じる方がまだましだと考えるならば、再送させないで破棄する方を選ぶことになる。

　誤りが検出された符号を、再送させるためには、送信側と受信側で信号を送る手順をあらかじめ定めておく必要がある。その通信規約を**プロトコル**と呼ぶ。図2-5に通信規約を用いた伝送手順を模式的に示した例を示す。図2-5では送信側が、受信側が待ち受け状態になっているかど

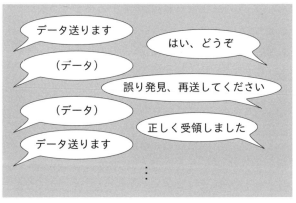

図2-5　通信規約（プロトコル）に従った伝送手順を模式的に示した例

うかを確認するやりとりを行った後、データ本体を送る。受信側はその
データに誤りがあるかどうかを検出して、誤りが検出されたら再送を依
頼し、誤りがなければ正しく受領したことを伝える。これで1つの符号
の送信が終わり、残りの符号について同じことを繰り返す。このよう
に、1つの符号を送るごとに確認を行うことで、**信頼性**の高い符号の授
受が実現できる。

　通信では「データ送ります」「はい、どうぞ」などの通信制御信号自
体にも誤りが生じる可能性を考慮しなければならない。たとえば、前記
の「はい、どうぞ」という信号が正しく送られなかった場合、送信側で
はどのように対処するか（どれぐらいの時間待つのか、待っても来な
かったときどうするのかなど）もプロトコルで厳密に定めておく必要が
ある。少なくとも、どのような誤りが生じても、たがいに相手からの送
信を待ち続けているような状態（デッドロック）に陥らないように配慮
してプロトコルは作られている。

　図2-5のように、符号を1つひとつ確認しながら伝送をすることは、
信頼性を高める反面、その確認に時間がとられるので伝送の効率を下げ
ることになる。そこで信頼性と伝送効率がちょうど良いバランスになる
ようにさまざまなプロトコルが提案されている。たとえば、誤りが確率
的に低いならば、一定数の符号をまとめたものをブロックとし、ブロッ
ク単位で送ることで効率が上げられる。

　プロトコルは送信側と受信側で同じものを使わなければならないの
で、不特定の相手とも通信できるように主要なプロトコルは**標準化**が行
われている。プロトコルにも情報の信頼性を確保するための基礎的なも
のから、情報の用途に応じたものまで階層的に種類があって、それらが
組み合わされて用いられる。それについては、第5章で改めて説明する。

　前述のように、確認をしながら符号を伝送すれば信頼性は高まるが、

地上波デジタル放送のような一方向性の通信では、そもそも受信側は送信側に再送要求が行えないし、宇宙探査機のように地球から遠く離れているために1回の交信に何分もかかるような場合には、極力相互確認をしないでもすむようにしたい。そういう場合には、誤りが発生したとしてもその誤りを正しく訂正できるようにした符号化の方式が用いられる。これは**誤り訂正符号**と呼ばれている。これにも洗練された多数の方式があるが、その説明には高度な数学を必要とするので、ここでは考え方を理解するために、実際には用いられていない単純な方式で原理を説明する。

　最も単純な誤り訂正符号は、元の符号が$101110_{(2)}$だとしたら、それを3つ連結して$101110101110101110_{(2)}$とする方法である。そして、受信をしたら、6桁ごとに3つの数の多数決をとって、元の符号を復元する。たとえば図2-6では、受信側で$100110101110001110_{(2)}$のように下線部のビットに誤りが生じた場合の誤り訂正の方法を示している。受信した符号を6桁で区切って各桁ごとに多数決をとることで、受信した符号の下から6ビットめと16ビットめに生じた誤りが訂正され、元の符号が正しく復元されている。この方式では、誤りが生じたとしても、それがたまたま同じ桁で起きない限り元の信号が復元できる。誤りが生じる確率が小さいならば、同じ桁に誤りが生じる確率はその積となってさらに小さくなるので実質的に無視できるほどになる。

```
100110
101110
001110
```
101110 ←各桁ごとに多数決

図2-6　誤り訂正の一例

　ただし、この方式では符号が元の符号の3倍の長さになるので、効率という面では悪くなる。実際に用いられる洗練された誤り訂正符号の方式でも符号が**冗長**になることは避けられない。一般に誤り訂正能力が高くなればなるほど、符号の冗長度は高まる。

参考文献

[1] 加藤浩，浅井紀久夫『情報理論とデジタル表現』東京：放送大学教育振興会，(2019).

演習問題

2.1 次の文の空欄に最もよく当てはまる語句をそれぞれ答えよ。

　連続量を時間・空間的に一定間隔で数値化することを（　①　）といい、その値を一定の精度に丸めることを（　②　）という。その際、必然的に（　③　）が生じるが、それが人間にとって知覚できない程度ならば問題にならない。

2.2 標本化の周波数を毎秒1000回とするとき、理論上は何Hzの音まで再現可能か。

2.3 十六進数の$3E_{(16)}$を二進数と十進数に変換せよ。

2.4 1Gバイトは何ビットか計算せよ。ただし、kを1024倍とする単位系を用いよ。

3 | コンピュータのしくみ

加藤 浩

《**目標＆ポイント**》 パソコンがどのような構成要素からできているかを理解する。また、リレーを用いた回路で論理回路が構成でき、論理回路を用いて計算するしくみを理解する。
《**キーワード**》 ハードウェア、ブール代数、論理回路、スイッチ素子、リレー、加算器

1. パーソナルコンピュータの構成要素

　本章ではコンピュータの物理的な構成（**ハードウェア**）について学ぶ。図3-1に一般的なパーソナルコンピュータ（PC）の内部構成を示す。

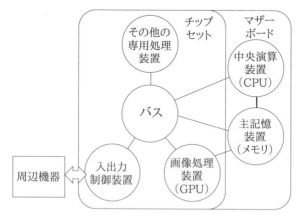

図3-1　パーソナルコンピュータの内部構成

（1）主記憶装置（メモリ）

　主記憶装置（メモリ）とは、データの格納庫で、任意の番地（アドレス）に一定のビット数（8〜64ビット）の二進数の数値を一度に保存したり読み出したりできる装置である。後に述べる周辺機器としての外部記憶装置とは異なり、PCの内部に装着されていて高速に読み書きできる。

（2）中央演算装置（CPU）

　中央演算装置（CPU）は演算機能と制御機能を持つコンピュータの中枢である。主記憶装置からプログラム（計算の手順を記述したもの）の中の1つの命令を読み込み、その内容に従って計算したり、ほかの素子を制御したりする。1つの命令の実行が終了したら、通常はメモリの次のアドレスの命令を実行するが、条件分岐命令では、計算の結果に応じて、離れたアドレスに飛ぶこともある。

　CPUの内部にもレジスタと呼ばれる記憶装置がある。レジスタは主記憶装置よりもさらに高速に動作するが、記憶容量は格段に小さい。

　CPUがどのようにして計算をしているかについては、次節でその基本原理を説明する。

（3）入出力制御装置

　一般にPC内部の情報の処理速度に比べると、後述の周辺機器と通信する速度は非常に遅い。その速度に合わせていたら全体の処理速度が低下するので、入出力制御装置が周辺機器とのデータのやりとりの仲介をすることで、速度低下が起こらないようにする。

（4）画像処理装置（GPU）

　ディスプレイに表示する画像データは、主記憶装置上にもつことが多

いが（表示専用記憶装置を設ける場合もある）、近年のディスプレイの高解像度化に伴い、必要な表示用記憶容量が増大してきた。加えて、三次元物体の画像処理など、膨大な計算を要する処理も増えてきた。そこで、CPUの負担軽減のため、並列で多くの計算を同時に処理できる画像処理専用の装置を設けて、CPUに代わって画像処理計算をさせたり、CPUを介さないで直接メモリにデータを書き込んだりさせるようになっている。また、近頃では膨大な並列計算を必要とするAIやシミュレーションの計算のためにGPUを使用することもある。

（5）その他の処理装置

　画像と同じく音声も実時間のデータ処理が必要となりCPUの負担が大きいので、音声処理専用の装置を設けている。同様の理由で、そのほかに無線LAN（WiFi）やLAN（イーサネット）などのための専用処理装置があることも多い。

（6）バス

　PCの内部にあって、上記の装置の間のデータのやりとりを行う通信経路を**バス**と呼ぶ。送受するデータの種類によってアドレスバスやデータバスなどの種類がある。一定のビット数のデータが一度に転送されるので非常に高速に通信できる。一度に送受できるビット数のことを**バス幅**と呼ぶ。初期のPCでは8ビットであったが、CPUの性能向上に伴い、近年は32ビットや64ビットになっている。

（7）周辺機器

　周辺機器とは、データの入力、出力、記録、および外部機器の制御などを行うためにPCに接続する機器である。身近なものとしてキーボー

ド、マウス、ディスプレイ、USBメモリ、Webカメラなどがあるが、そのほかにも多種多様にある。接続する際には、以前は、機器の種類に応じて異なる形状のソケットに、専用プラグで接続するのが一般的であったが、近年は汎用の接続規格である**USB**（Universal Serial Bus）に集約されるようになってきている。また、**Bluetooth**規格の無線で接続する場合もある。なお、デスクトップPCの拡張スロットに挿す拡張ボード類は、PCの筐体内部にあるが、ほとんどが周辺機器に位置づけられる。

（8）チップセット

上記のような構成要素は初期のPCでは機能ごとに独立した素子が担っていたが、近年は素子間の親和性を考慮して、CPUに対応した周辺素子をまとめて、集積回路チップのセットとしてメーカが提供している。これは単一の集積回路チップに集約されている場合もあるが、慣習で**チップセット**と呼ばれている。

（9）マザーボード

特定のチップセットと組み合わせて、どのぐらいの性能のCPUやどのぐらいの容量のメモリを用いるかは、一定の範囲内で利用者が選ぶことができる。そこでプリント基板の上にチップセットが装着され、CPUやメモリが挿せるソケット、電源コネクタ、外部機器と接続するためのコネクタやスロット類、スイッチ類などを装備したものを**マザーボード**という。マザーボードとそれを入れる筐体を選んで、マザーボードに適合するCPU、メモリ、電源、外部記憶装置、冷却ファンなどを装着すれば自作PCが完成する。なお、GPUは近年はチップセットに含まれている場合が多いが、特に高性能なGPUを使用したい場合には、

マザーボードに装着することもできる。

2. コンピュータにおける計算の原理

　子どもの頃、指を折って数を数え、苦労して九九を覚え、単調なドリルを繰り返して、ようやく計算ができるようになった私たちにしてみれば、計算というのは高度に知的な作業のように思える。それが、知性をもたない機械でもできてしまうというのは、考えてみれば不思議なことである。そこで、本節ではどうやって機械で計算ができるのかを解説する。その概略は次の通りである。まず、**論理演算**が**スイッチ素子**という簡単なしくみで実現できることを確認する。次に、論理演算を組み合わせることで二進数の加算が構成できることを示す。そして、それを使えば減算や乗算や除算もできることを示す。

（1）論理演算とスイッチ素子
　原子命題を真か偽のいずれかに決められる文、**命題**を原子命題を論理演算子によって結合した文としたとき、原子命題の真偽から命題の真偽を導く方法を論理演算と呼ぶ。論理演算子として基本的なものには**否定**（**NOT**）、**論理積**（**AND**）、**論理和**（**OR**）がある。つまり、論理演算とは、たとえばPとQという原子命題の真偽から「Pではない（否定）」や「PかつQ（論理積）」などの命題の真偽を求める方法である。図3-2から図3-4にこれらの論理演算子の真理値表とその回路記号を示す。真理値表では真を1、偽を0で表し、原子命題の真偽のすべてのパターンにおける命題の真偽が書かれている。これを見ると、否定は0と1を反転させたもの、論理積は2つの値の（算術）積となっていることに気づく。論理和も2つの値の（算術）和にだいたいなっているが、1と1の論理和は1となっており、この点だけ（算術）和と異なることに注意し

P	NOT P
0	1
1	0

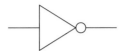

図3-2　否定（NOT）の真理値表と回路記号

P	Q	P AND Q
0	0	0
0	1	0
1	0	0
1	1	1

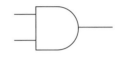

図3-3　論理積（AND）の真理値表と回路記号

P	Q	P OR Q
0	0	0
0	1	1
1	0	1
1	1	1

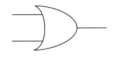

図3-4　論理和（OR）の真理値表と回路記号

てほしい。これは**ブール代数**と呼ばれる1つの代数系を構成している。

　このような論理演算は**スイッチ素子**によって機械的に実現可能である。スイッチ素子というのは、オンとオフの2つの状態を切り替える機能をもった素子である。ただし、ここで扱うスイッチ素子はいちいち人間が押して状態を切り替えるのではなくて、他のスイッチ素子のオン／オフの状態と連動して自動的に切り替えられるようになっている。

　スイッチ素子はさまざまな方法で実現できる[1]。コンピュータで多く

1)　電気を使わないドミノ倒しで論理素子を実現した例（MATHS、2014）もある。

使われているのはMOS FETという半導体であるが、歴史をさかのぼると、バイポーラトランジスタ、真空管、リレーなどが用いられた。新しいものほど、小型化、高速化、低電力化が進んでおり、現在は数cm²の半導体チップの上に100万個以上の素子を搭載した集積回路が使われている。

　ここでは最も原理が分かりやすいリレーを例にとって説明しよう。図3-5にリレーの構造を示す。1つの接点に鉄片が蝶番で取り付けられており、その鉄片が電磁石の極の先に配置されている。鉄片は、ふだんはバネによって電磁石から遠い接点Out1に接しているためOut1が導通状態（On）で、Out2は遮断状態（Off）であるが、InのスイッチをOnにすると、電磁石に電流が流れて鉄片を吸い寄せ、Out2をOnにし、Out1がOffになる。InとOut1、Out2のOn/Offの状態を表にすると、右の表のようになる。Onを1、Offを0に読み替えるとOut1はInの**否定**（図3-2）になっている。

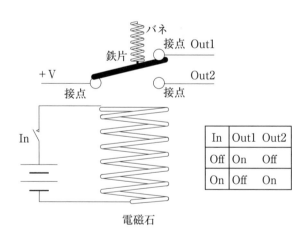

図3-5　リレーの構造（NOT回路）

　さらに、リレーを使って基本的な論理演算の論理積（図3-6）と論理和（図3-7）が実現可能であることを示そう。In1、In2におけるOn/Offのすべてのパターンについて、OutのOn/Offがどうなるかを自分自身で確かめてほしい。

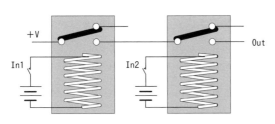

In1	In2	Out
Off	Off	Off
Off	On	Off
On	Off	Off
On	On	On

図3-6　リレーを用いたAND回路

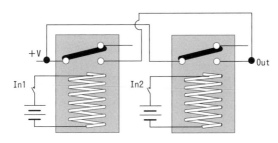

In1	In2	Out
Off	Off	Off
Off	On	On
On	Off	On
On	On	On

図3-7　リレーを用いたOR回路

　基本論理演算である**否定、論理積、論理和**に加えて、**排他的論理和**（EXOR）も紹介しておこう。これは次の（算術）加算で必要になる。

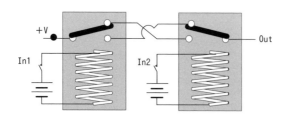

In1	In2	Out
Off	Off	Off
Off	On	On
On	Off	On
On	On	Off

図3-8　リレーを用いたEXOR回路

（2）論理演算から加算へ

　論理演算を組み合わせれば**二進数**の**加算**が実現できる。二進数での1桁＋1桁の加算は0＋0、0＋1、1＋0、1＋1の4通りしかない。このうち最後の1＋1は$2_{(10)}=10_{(2)}$になり、上の桁への繰り上がりがおきるので、繰り上がりの有無を示す出力を設ける必要がある。Out1を繰り上がりの有無、Out2を加算結果の1桁目とすると次のような真理値表が書ける。

In1	In2	Out1 （繰り上がり）	Out2
0	0	0	0
0	1	0	1
1	0	0	1
1	1	1	0

　これを見るとOut1はIn1とIn2の論理積（AND）であり、Out2はIn1とIn2の排他的論理和（EXOR）であることが分かる。したがって、図3-6と図3-8の回路を組み合わせて図3-9のような**加算器**を構成できる。上半分がAND回路、下半分がEXOR回路で、入力In1とIn2を2つに分けて1つのスイッチで2つのリレーを作動させるようにしている。

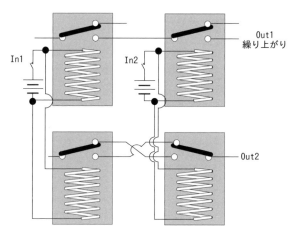

図3-9　リレーを用いた半加算器

　この加算器は1桁＋1桁のときは問題ないが、多桁に拡張する際には、下の桁からの繰り上がりを考慮していない点で不完全である。そのため、**半加算器**と呼ばれる。下の桁からの繰り上がりを考慮に入れた**全加算器**の真理値表は次のようになる。Cが下の桁からの繰り上がりの有無を表す。

In1	In2	C	Out1	Out2
0	0	0	0	0
0	1	0	0	1
1	0	0	0	1
1	1	0	1	0
0	0	1	0	1
0	1	1	1	0
1	0	1	1	0
1	1	1	1	1

これは図3-9の半加算器2つと図3-7のOR回路を用いて、図3-10の
ような回路で実現できる。

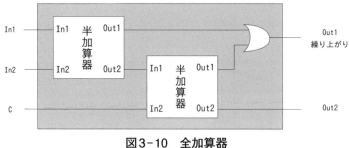

図3-10　全加算器

この全加算器を用いることで多桁の加算器が構成できる。2つの数
の和

$$X_n \cdots X_2 X_{1(2)} + Y_n \cdots Y_2 Y_{1(2)} = Z_n \cdots Z_2 Z_{1(2)}$$
$$(X_i 、 Y_i 、 Z_i は二進数でのi桁の値を表す)$$

の加算器は図3-11のように構成できる。左端が最も低位の桁を計算し
ており、ここは半加算器でよい。その桁の繰り上がりが1つ上の桁に送

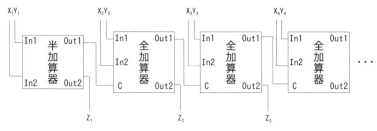

図3-11　多桁加算器

られて、その桁の数といっしょに全加算器で加えられる。それが各桁毎に繰り返される。このように全加算器を連結すれば何桁の数でも加算可能である。

（3）加算で減算をする

　減算は専用の回路を作るまでもなく加算器で計算可能である。たとえば、5-3は5+（-3）であるので加算で減算を実行できる。そのためには、負の数の表現を工夫する必要があるが、それが**2の補数**という方法である。正数nに対して負数$-n$を作る方法は次の通りである。

　①nの二進数表現の各桁を反転させる。（例：0001→1110）

　②その数に1を加える。（例：1110+1 = 1111）

　4ビットで2の補数を表現すると次の表のようになる。負数は必ず最上位の桁が1になる

二進数（4ビット）表現	十進数表現
1000	-8
⋮	⋮
1110	-2
1111	-1
0000	0
0001	1
⋮	⋮
0111	7

　例として、（$-n$）+nを計算してみよう。まず、手順①でnのビットを反転する。次に手順②で1を加えるのだが、順番を変えて、先にnを加えてみる。①でnのビットを反転しているので、その結果はかならず全ビットが1になる。それに手順②の1を加えると、全ビットが0にな

り、桁あふれする。その桁あふれは無視することにすると、計算結果は0となる。このように n が何であっても必ず結果は0となる。

　前ページの表で、任意の正負の二進数を加えてみて、桁あふれを無視すれば正しい計算結果が得られることを確認してほしい。

（4）加算から乗算へ

　乗算は通常私たちが行う筆算と同じやり方で実現できる。たとえば、図3-12は $1101_{(2)} \times 0101_{(2)} = 1000001_{(2)}$ の計算例である。このように、かけられる数の桁を左に1桁ずつずらしながら加え合わせることで、乗算ができることが分かる。つまり、数の桁を1桁ずらす機能と加算ができれば乗算は実現できる。

図3-12　二進数の乗算

　除算についても、筆算と同じことで、割られる数から割る数を最上位の桁から右に1桁ずつずらしながら、引ける場合に限り引いていくことで実現できる。図3-13は、1101 ÷ 0011 = 100余り1の計算例である。ただし、ここでは減算の手順を省略して書いている。正しくは割る数の2の補数を加え、結果がマイナス（最上位ビットが1）となれば引けな

かったので割る数を加え戻すことを行う。結局、除算は数の桁を1桁ず
らす機能と減算で実現できる。

図3-13　二進数の除算

　ここで紹介したのは、整数の加減乗除のみだが、機械でも計算ができ
るということは納得してもらえたのではないだろうか。これで分かるよ
うに、コンピュータの原理は極めて単純で、知的とも言えないものだ
が、それを複雑かつ多重に組み合わせることで知的に見えるような高度
な機能が実現されているのである。

参考文献

[1] MATHS, T. (2014). DOMINO COMPUTER WORKSHEETS. Retrieved
September 22, 2014, from http://think-maths.co.uk/downloads/domino-
computer-worksheets

演習問題

3.1 下の論理回路の真理値表を書け。

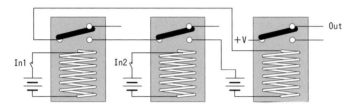

3.2 **3.1**と論理的に等価な論理回路はリレーを2つ使うだけで構成可能である。その論理回路を書け。

3.3 十進数の－5を8ビットの2の補数表現で表せ。

4 | ネットワークの歴史としくみ

加藤 浩

《**目標＆ポイント**》 インターネットの発達の歴史を知り、世界中と通信できる基本的なしくみを理解する。
《**キーワード**》 パケット、IPアドレス、ルータ、DNS、ドメイン名、FQDN

1. 回線接続からパケット交換へ

　電気通信の始まりは1837年にサミュエル・モールスが2地点間に電線を張り、そこを流れる電流を断続させて情報を伝達した実験とされている。短（トン）長（ツー）の2種類の信号の組み合わせで英数字を表す**モールス符号**は、今も一部では使われているが、これが最初のデジタル電気通信[1] といえるだろう。次いで、1876年にグラハム・ベルが音声の波形を電流の変化に変換して伝送する電話を発明した。こちらはアナログ方式である。のちに技術が発展し、商業的な電話サービスの時代に入っても、2地点を電気的に接続し、アナログ信号で音声を送るという方式自体は変わらなかった。しかし、すべての通話先と直接電線を張って接続するということは不可能なので、図4-1のように電話局から各家庭の電話機までを電線でつなぎ、電話局で要求があった電話機同士を電気的に接続するということが行われるようになった。この接続作業のことを**交換**といい、初めは交換手が交換盤に手作業でジャックを刺し

---

1) 電気通信に限らなければ、のろしはデジタル通信である。

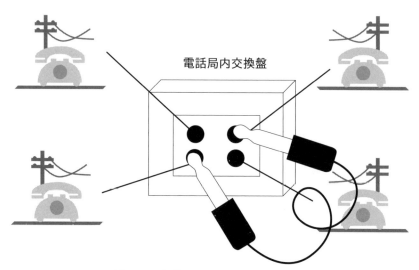

図4-1　初期の電話網の手動交換盤

て接続していた。これが最初の情報通信ネットワークといえる。

　コンピュータのネットワークも、黎明期にはコンピュータ間に直接電線を張るか、電話局から専用回線を借りていたが、接続先が増えてくると、その数だけ専用回線を用意するのは、維持管理にかかるコストが高くつくし、かといって、電話交換のように通信のたびに相手をつなぎ替えるという方式では、通信したいときに通信できないという問題が生じた。

　そこで、1本の回線で同時に異なる相手と通信できるような方式が考案された。それが**パケット通信方式**である。パケット通信方式では、図4-2に示すように、送りたいデータを細かく分割し、1つひとつに通し番号と宛先をつけてネットワークに送信する。この1つの送信単位をパケットという。携帯電話会社の請求書の中にパケット通信という項目があるのはこれのことである。受け取り側では、パケットにつけられた宛

先をみて、自分宛のパケットであればそれを受信し、通し番号順に揃え、結合して元のデータを復元する。

　1つのパケットのデータ量は小さいので、それを送信する時間は短い。すなわち、回線の占有時間が短い。複数のプログラムがデータを送りたいときには、それぞれが回線の空き時間を見つけて、そこに自分のパケットを送り込む。したがって、瞬間で見れば1件の通信が回線を占有していることになるが、ある程度の時間の幅で見れば、同時に複数の通信ができているように見える。たとえるならば、多量の貨物を載せた長い列車ならば、全部通過するのに時間がかかるので、自分の番まで長時間待たなければならないが、荷物を小分けしてトラックで運ぶことにすれば、待つことなく車の流れの中に割って入ることができるようなものである。

　それでは、パケットはどのようにして遠く離れたコンピュータまで送

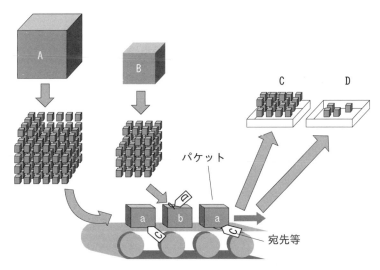

図4-2　パケット通信の概念図

り届けられるのであろうか。図4-3はそのしくみの模式図である。丸い
管が1つのネットワークを表しており、手前から奥に向かって3つの
ネットワークが描かれている。これらは物理的に離れた場所にあり、そ
の間は**ルータ**という機器を介して回線で結ばれている。

　通信は次のようにして行われる。すでに述べたように、送信元のコン

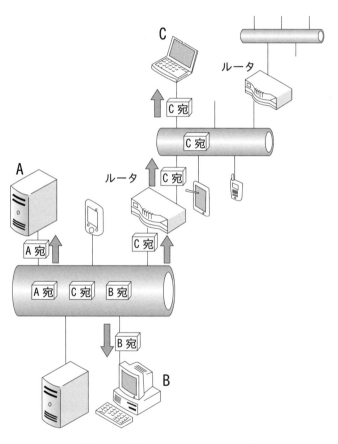

図4-3　パケットのルーティング

ピュータは、ネットワーク回線の空き時間を見つけ、そこに自分のパケットを流す。宛先が同一ネットワーク内である場合は、受け手が自分宛のパケットを取り込む。一方、宛先がそのネットワークの外であったら、そのパケットはルータが取り込む。ルータはどのネットワークにパケットを渡したら宛先に近づけるかを知っており、隣接するネットワークにパケットを流す。同じことが以降のネットワークでも繰り返されることで、最終的に宛先のコンピュータに届く。このように、ルータによってパケットがバケツリレー式にネットワークを伝っていくことで、宛先に送り届けられる。

　この方式の特徴は、送り手はパケットに宛先をつけて送り出すだけで、途中の経路選択はネットワーク上のルータが行うという点である。それにより何らかの原因で突然不通になった回線があったとしても、ルータがパケットの転送先を別のネットワークに変更するだけで、短時間に不通箇所を迂回できる。これにより、障害に対して頑健なネットワークとなる。この長所が高く評価されて、インターネットの初期には、米国の軍事予算で研究開発や整備が推進されたという経緯がある。しかし、この方式には、利用者が経路指定できないため、かりに悪意を持ってパケットを盗聴しようという中継点があった場合でも、利用者にはそれを迂回する方法がないという問題点もある。

　さらに、この方式には潜在的に困った問題があった。かりに図4-4のように、4つの大学のネットワークが専用回線で結ばれており、その専用回線はA～B間はA大学、B～C間はB大学、C～D間はD大学によって運営されているとしよう（図ではルータは省略している）。ここで、A大学とD大学との間で通信が行われたとする。電話の場合、ふつうは電話をかけた側が通話料を支払う。用件は電話を受ける側にあったとしても、電話をかけた側が費用負担をすることは社会通念として合意され

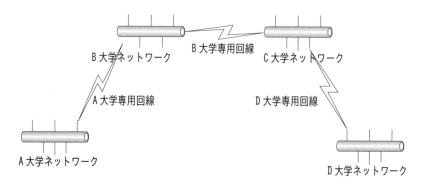

図4-4　ネットワークの費用負担の問題

ている。しかし、このネットワークの場合、A大学が費用負担している
のはA～B間だけである。もっとも、D大学も通信の当事者であること
を考慮すれば、C～D間の費用をD大学が負担することも不自然ではあ
るまい。しかし、B～C間の費用はこの通信に一切関与していないB大
学が負担している。つまり、B大学は専用回線を勝手に使われたという
ことになる。これはB大学にとっては、面白くないことではないだろう
か。このようにパケット交換方式では、途中経路において第三者の管理
運営するネットワークを介することが避けられない可能性が生じる。

　もちろん、パケット1つひとつの経路を追跡して課金できるようにす
ることも技術的に不可能ではないが、計算資源的にも事務処理的にも膨
大なコストがかかるので、通信の性能やコストを悪化させてしまい、現
実的ではない。

　そこで取られた解決法は画期的であった。それは「いつか自分もパ
ケットを通してもらうことがあるのだから、お互いに誰のパケットでも
無料で通してあげよう」という合意の下でネットワークに接続しようと
いうものである。もし、ネットワーク全域でその合意が得られるなら

ば、新規利用者は最寄りの接続点までの通信費用を負担するだけで、ネットワーク上のどのコンピュータとも通信できることになる。これは**フリーピアリング**思想といい、初期に学術研究目的で運営されていた頃の理念である。この理念は、インターネットの規模が拡大し、営利目的利用が許されるようになってからは、立ちゆかなくなったが、インターネット文化の源流にはこのような相互扶助の理念があることは、ぜひ知っておいてほしい。

2. インターネットのパケット配送方式

　現在、インターネット上には10億を超えるホスト[2]が接続されており（Internet Systems Consortium、2019）[3]、しかもそれは時々刻々と変化している。そのような巨大でダイナミックなインターネットの、その末端につながっているホストに、どのようにしてパケットが送れるのだろうか。本節ではその方式を解説する。

　すでに述べたように、パケットには宛先がついている。この宛先は、**IPアドレス**といい、インターネットに接続されたホストに固有の識別番号である。IPアドレスは、IPv4という規格[4]では、32ビットの二進数で表されており、それを8ビットずつ4つの0～255の十進数の組で、たとえば、192.168.10.123のように表す。IPアドレスの最上位ビットから特定のビット数を**ネットワークアドレス**といい、各組織に対してIPアドレス管理指定業者（多くの場合その組織が契約しているインター

2)　インターネットに接続されている機器。インターネットに直接出られるIPアドレスを持つサーバやパソコンをはじめとして、ルータや携帯電話などの、広い意味でのコンピュータ。
3)　この調査は2019年1月で終了した。
4)　現在はIPv4が一般的であるが、32ビットでは上限が約43億個であり、枯渇し始めているので、現在128ビットのIPアドレスを持つIPv6という規格への切り替えが推進されている。

ネット・サービス・プロバイダ）が割り当てる。たとえば、前記のIP
アドレスの上位24ビットをネットワークアドレスとすると、192.168.10
までがネットワークアドレスである。これを192.168.10.0/24とか、
192.168.10.0の**サブネットマスク**が255.255.255.0とか表記する。残りの下
位ビット（192.168.10.123の例では123）は**ホストアドレス**といい、組織
内で自由に割り当ててよい。同一ネットワークに属するホストにはすべ
て同じネットワークアドレスを用い、ホストアドレス部だけ各ホストに
固有の番号を割り当てる。

　組織内の管理者が、ホストアドレスの上位ビットを使って、組織内を
さらに複数のネットワークに分割することもある。たとえば、組織に割
り当てられたネットワークアドレスが202.214.123.0/24だとすると、組
織内でネットワークを202.214.123.128/25と202.214.123.0/25の2つに分
割して用いることもできる。

　それでは、ルータはどのようにしてパケットの配送先を決めているの
であろうか。ルータはそれぞれにパケットの転送先を決める**経路表**を
もっており、そこには宛先のネットワークアドレスとそこへ中継してく
れるルータのIPアドレスの対照表、および、**デフォルトゲートウェイ**
といって宛先のネットワークアドレスが経路表になかった場合の転送先
となるルータのIPアドレスが記入されている。ルータはパケットの宛
先を見て、経路表に載っているネットワーク宛であれば、その中継先の
ルータに転送し、なければデフォルトゲートウェイに転送する。これが
行く先々のネットワークで繰り返されることで、パケットがネットワー
ク間をバケツリレーのように渡され、最終的に宛先のネットワークに到
着する。

　配送効率の鍵を握るのは、その経路表である。経路表が正しくなけれ
ば、パケットが無駄な迂回をするかもしれないし、宛先に届かない可能

性もある。個々のルータがインターネットのすべてのネットワークへの最適な配送先を知っていれば理想的であるが、インターネットの末端で1つのネットワークがつながったり切れたりするたびに、その情報をインターネット上のすべてのルータに送っていては、それだけで膨大な通信量になってしまう。

　そこで、ルータは次のようにして経路表を得る。まず、各ルータは隣接するルータとの接続状態を、ネットワーク内から自動的に選ばれた代表ルータに送る。代表ルータは集まってきたそれらの断片的な接続情報を集約して、ネットワーク全体の接続状態を表す地図にあたるデータベースを作り、それを他のルータにも送る。ただし、管理者が設定したエリア外には送らない。各ルータはその地図から、どのネットワークに送るにはどのルータを経由するのが最適かを計算し、経路表を更新する[5]。つまり、基本的にルータが持つのは、自分のエリア内とそれに隣接したエリアのネットワークへの最適な経路表だけなので、大きさがコンパクトになる。トラブルや増設などでネットワークの接続状態に変化があった場合には、変化があった箇所に隣接するルータから代表ルータに知らせが行き、データベースが更新されてエリア内の全ルータに変更が通知される。このようにしてネットワークの接続状態の変化に短時間かつ柔軟に対応している。

　組織内での通信は以上のような方式で適切に行われるが、組織外に宛てたパケットは、経路表に載っていないので、デフォルトゲートウェイをいくつか通過して組織外部に出る。そのあとはどうなるのであろう

---

5)　ここで説明したのはOSPFという方式である。その他に小規模なネットワークではRIPという方式も使われる。RIPでは互いに隣接するルータ同士で定期的に経路表を交換し、それを参考にしながらどのネットワークに届けるのはどこのルータに送るのが最適かを判断し、その判断に基づいて自らの経路表を更新する。

か。図4-5はインターネットの構造を表している。ふつう、インターネットに接続するときには、**インターネット・サービス・プロバイダ（ISP）** と契約をしているので、外部宛のパケットはISPに送られる。そ

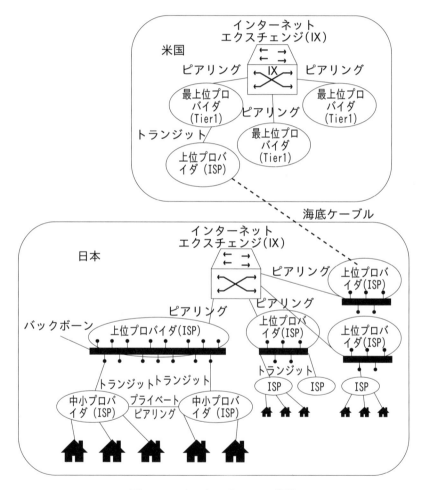

図4-5 インターネットの構造

のパケットの宛先がISPの傘下のネットワークであったら、ISPはその傘下にあるどの組織にどのネットワークアドレスを割り当てたかは当然知っているので、その組織の相互接続点となるルータにパケットを渡す。そのほかに、ISPが個別に特定のコンテンツプロバイダや他のISPと相互接続点を設けている場合もあり、それは**プライベートピアリング**という。宛先への経路情報を持っていないときには、パケットはISPのさらに上位のISPに渡される。ISPには中小ISPもあれば、国内に大容量の通信回線（**バックボーン**）や国際海底ケーブルをもっているような大手ISPもある。中小ISPは大手ISPに対して接続料を支払って経路情報の供給を受け、相互接続をさせてもらう。この関係を**トランジット**という。そして大手ISP同士は国内の数カ所にある**インターネットエクスチェンジ（IX）**という設備を利用して経路情報やパケットを交換する。IXを利用するのは、個々に相互接続するよりも接続点を一カ所に集めて高速な機器でパケット交換した方が効率的であるからである。これは同等のネットワーク規模を持つISP同士で行われ、原則として無償である。これを**ピアリング**という。それにより国内のホストとの通信は実現できる。国内のISPでは経路情報が分からないパケットについては、海底ケーブルを通して米国のISPに送られる。米国には**Tier1**というプロバイダ階層の最上位に位置する十数社のISPがあり、それらが米国のIXで相互接続を行っている。Tier1にはインターネットに接続されたすべてのネットワークへの経路情報が集約されており、ここを通せばインターネット上のあらゆるホストと通信することが可能になる。

3. DNS（Domain Name System）による名前解決のしくみ

　パケットにはIPアドレスという宛先がついているが、IPアドレスは数字の羅列であり、コンピュータには都合が良いかもしれないが、人間

にとっては覚えにくく、扱いづらい。そこで、人間が管理しやすいように、IPアドレスとは別に**ホスト名**がつけられるようになっている。たとえば、放送大学のウェブサーバ[6]のホスト名はwww.ouj.ac.jpである。このうち、jpは日本（Japan）を、acは高等教育機関（academy）を、oujは放送大学（The Open University of Japan）を表している。すなわち、日本の中の、高等教育機関の中の、放送大学というように、右側にいくほど上位階層になり、上位が下位を包含する構造になっている。

ホスト名のouj.ac.jpの部分を**ドメイン名**といい、放送大学内のすべてのホスト名に共通している。ドメイン名はほかのドメイン名と重複しないように管理団体によって管理されており、申請して審査が通ると使用が許諾される。末尾2文字が国を表すアルファベットの場合を**国コードトップレベルドメイン**といい、それよりも左側のドメイン名の管理は各国の管理団体に委譲されている。そのほかに、comやorgで代表される**分野別トップレベルドメイン**というのもある。comはもともと"commercial"を意味し、商業組織が使用することを想定していたが、現在は登録に制限はない。

また、ホスト名のwwwの部分は狭義のホスト名であり、特定のホスト機器の名称になる。これは組織内で重複しない限り自由につけてよい。wwwもwww.ouj.ac.jpも、ともにホスト名と呼ばれることがあるので、区別する必要があるときには、後者を**完全修飾ドメイン名**（Fully Qualified Domain Name：**FQDN**）という。

ホスト名を使ってホスト機器と通信するためには、ホスト名（FQDN）からそのIPアドレスが検索できなければならない。これを**名前解決**という。しかし、インターネット上のホストは10億以上もあるので、すべてのホスト名とそのIPアドレスとの対照表は巨大になってしまうし、

---

6) ウェブページのサービスを提供するコンピュータ。

世界のインターネットの末端の接続状態を常時管理・更新することは現実的に不可能である。そこで、**DNS**（Domain Name System）というしくみを使って、対照表を分散管理している。DNSはいわばインターネットの住所録である。

　DNSはドメインの階層構造に基づいて、1つのDNSサーバが原則1つの階層を受け持ち、DNSサーバ間で連携をすることで名前を解決する。具体的には、ルートサーバはjpやcomなどすべてのトップレベルドメイン直下のDNSサーバとホストのIPアドレスを管理し、トップレベルドメインのjpを受け持つDNSサーバはjp直下にあるすべての第2レベルドメイン（ac.jp、co.jpなど）のDNSサーバとホストのIPアドレスを管理し[7]、ac.jpを受け持つDNSサーバはac.jp直下にあるすべての高等教育機関のDNSサーバのIPアドレスとホストを管理し、…という具合である。このように管理されていれば、まずルートサーバにトップレベルドメインのDNSサーバのIPアドレスを問い合わせ、次にトップレベルドメインのDNSサーバに第2レベルドメインのDNSサーバのIPアドレスを問い合わせ、…というように、ルートからドメイン名をたどって芋づる式にIPアドレスを探し出すことができる。

　しかし、インターネット上のあらゆるホストが常にこのような問い合わせを行っていてはルートサーバに問い合わせが集中してしまう。それを避けるために、次のようなしくみが用意されている。

---

7)　実際には日本ではトップレベルと第2レベルのドメインは、一括してトップレベルドメイン（jp）のDNSサーバによって管理されているが、ここでは原理を示すために、ドメインのレベルごとに管理が分かれているように説明している。

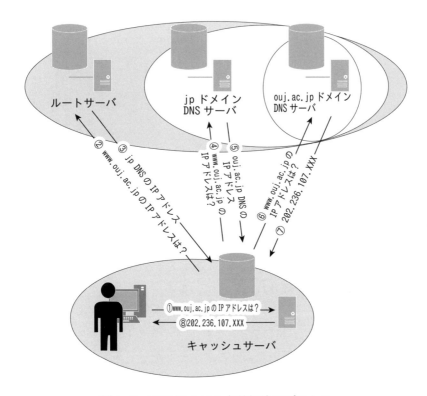

図4-6　DNSにおける名前解決のプロセス

　まず、利用者がインターネットのホストにアクセスすると組織内
（ISPに直接つないでいる場合にはISP内）の**キャッシュサーバ**に対し
てそのホストのIPアドレスの問い合わせが行われる（図4-6①）。
キャッシュサーバは「DNS」としてインターネット接続時の初期設定
項目の1つでもある。キャッシュサーバはルートサーバから芋づる式に
アクセス対象のドメインを探し当て（図4-6②〜⑤）、そこからホスト
のIPアドレスを得て（図4-6⑥〜⑦）、それを利用者の端末に返答する

（図4-6⑧）。その際、そのホスト名とIPアドレスの組を記憶しておく。これをキャッシュといい、次回、また同じホスト名の問い合わせがあったときには、キャッシュサーバは外部のDNSサーバに問い合わせることなく、キャッシュからIPアドレスを返答する。このしくみによって、外部ドメインのDNSサーバの負担が大きく軽減される。ただし、キャッシュの内容はいつまでも正しいとは限らないので、一定時間経過したら破棄することになっている。

引用文献

[1] Internet Systems Consortium, I. (2019). Internet Domain Survey Host Count. Retrieved from https://www.isc.org/survey/

4.1 次の文の空欄に最もよく当てはまる語句をそれぞれ答えよ。

　　インターネットではデータは（　①　）という単位に分割され、それぞれに宛先や通し番号をつけられて送られる。宛先にあたるのが（　②　）で、IPv4の場合（　③　）ビットの識別番号である。送られたデータは（　④　）によって適切な隣接ネットワークに転送され、それが行く先々で繰り返されることで宛先に届く。

4.2 次の文の空欄に最もよく当てはまる語句をそれぞれ答えよ。

　　DNSの主な機能はホスト名（FQDN）からその（　①　）を検索することである。DNSは集中管理ではなく複数のDNSサーバの連携による（　②　）管理になっている。原則として各（　③　）ごとにDNSサーバが設置され、利用者からの要求を受けた（　④　）がトップレベルドメインから順に問い合わせをしていき、名前を解決する。1度検索した結果は一定期間保存しておいて、同じ問い合わせが来たときに利用する。このしくみを（　⑤　）という。

5 | インターネットの活用

加藤 浩

《目標＆ポイント》 まず、プロトコルの概念を理解し、次にインターネット
の主要なサービスであるワールド・ワイド・ウェブと電子メールのしくみを
理解する。
《キーワード》 プロトコル、OSI参照モデル、TCP/IP、UDP、ポート番号、
WWW、URI、クッキー、電子メール、メールアドレス、SMTP、POP、
IMAP

1. さまざまなプロトコル

　第2章において、確実な伝送を行うためには、送受信の手順（プロト
コル）をあらかじめ取り決めておく必要があることを述べた。じつは通
信を行うために必要な取り決めはそれだけではない。たとえば、電気信
号を送るのならば、何ボルトの電圧を印加するのか、電線を何本使って
それにどういう役割を担わせるのか、符号をどのような規則でビット列
に変換するのかなど、多種多様な取り決めがあってはじめて通信が成立
する。これらの取り決めもまた**プロトコル**という。
　国際標準によると、プロトコルは役割によって7階層に分類される。表
5-1に**OSI**（Open Systems Interconnection：開放型システム間相互接続）
参照モデル（日本工業標準調査会、1987）を示す。第1層が物理層でハー
ドウェアに最も近い規格である。以降、階層が上がることに抽象度が上が

72

り、最上位の第7層はアプリケーション層でメール、ウェブ、ファイル転

表5-1 OSI基本参照モデル

第7層	アプリケーション（応用）層	メールやウェブなどの特定の高度なデータ通信サービスに関わるプロトコル。利用者が使うアプリケーションプログラムに対して、通信に関係する機能を提供する。
第6層	プレゼンテーション層	データの表現形式の変換に関わるプロトコル。コンピュータ固有のデータ表現形式と通信に適した共通データ表現形式との相互変換を行う。テキストや画像や文字などのデータの標準形式への変換・逆変換や、暗号化などの符号化・復号を扱う。
第5層	セッション層	通信相手との論理的な通信路[1]の確立に関わるプロトコル。通信内容に応じて1つないしは複数の論理的な通信路を確立したり切断したりする。
第4層	トランスポート層	データの信頼性の確保に関わるプロトコル。データが正しく届いたことを確認したり、誤りのあるデータの再送を制御したり、データを正しい順に並び替えたりする。また、ポート番号に基づいてプログラムとデータを対応づける。
第3層	ネットワーク層	ネットワークをまたがったデータ通信に関わるプロトコル。適切な伝送経路を選択して、パケットを中継しながら送り届ける。
第2層	データリンク層	同一ネットワーク内の直接接続された通信機器とのデータ通信に関わるプロトコル。相手を指定した通信を可能にしている。データの正しさの検証も行う。なお、データリンク層と物理層はセットで定義されることが多い。
第1層	物理層	ケーブル、コネクタなどのハードウェアやデジタルデータの1・0の信号としての物理的表現方法（電圧や電波の周波数など）に関わるプロトコル。

1) 物理的な通信路は1回線であっても、パケット交換などの方式でほぼ同時に複数の独立した通信が可能になる。これは仮想的に複数の通信路があるように見なすことができ、これを論理的な通信路という。

送などの利用者が直接利用する通信サービスに関する規格である。

　このように階層化を行い、その上層および下層とのデータの受け渡し方法を厳密に規格化しておくことで、他の層に影響を与えずにプロトコルが交換可能になる。たとえば、ネットワークへの接続方式をケーブルから無線に変更する際には、データリンク層と物理層のプロトコルを入れ替えるだけで、それより上の層には影響を与えない。

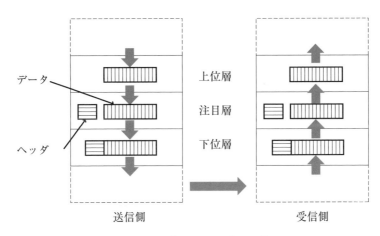

図5-1　データのカプセル化

　図5-1に示すように各層では、上位層より受け取ったデータに何も手を加えず、ヘッダと呼ばれるデータを付加し、それを下位層に渡す。ヘッダにはその層で必要となる情報、たとえば、宛先、送信元、上位層のプロトコルに関する情報などが含まれている。これを**カプセル化**という。たとえるならば、上位層から来た荷物を開けずに、その上からその層独自の梱包をかぶせて下位層に送るようなものである。

　一方、データの受け取り側では、各層が下位層から受け取ったデータ

のヘッダ部を解析して、適切な上位層のプロトコルにヘッダ部を除去して渡す。これは下位層から来た荷物を開梱して中身だけを適切な上位層に送ることに対応する。ある階層のプロトコルにとってみれば、それより下位層のプロトコルに関する情報は除去されて入ってくるので、下位層のことを気にかける必要がない。こういう方式によって、各階層のプロトコルが交換可能になっている。

　インターネットを構築するためには、**TCP/IP**というプロトコル群[2]が用いられる。**IP**（Internet Protocol）はネットワーク層のプロトコルで、前章で説明したように、複数のネットワークを伝って宛先のホストにパケットを配送することが目的である。ただし、パケットが相手に届いたことを確認したり、パケットのデータが正しいことを検証したり、届く順番を保証したりすることまではしない。その信頼性の欠陥を補うのが、**TCP**（Transmission Control Protocol）というトランスポート層のプロトコルである。TCPはパケットの順番を揃え、必要に応じて再送要求を行って完全なデータを復元する。しかし、TCPは信頼性を保証するために1つのデータ単位を送るたびに応答確認をするので、送信元と宛先との間の通信が増え、時間がかかる。通信の用途によっては、信頼性を犠牲にしてでも高速に通信したい場合がある。そのときにはTCPの代わりに**UDP**（User Datagram Protocol）を用いる。UDPはパケットが届いたかどうかの確認は行わず、届いたパケットデータの正しさの検証はするが誤りがあっても破棄する。また、パケットの順番という概念がないのでパケットを紛失したとしてもその検知さえもできない。さらに、データ送信の際には、TCPでは大きなデータを自動的にパケットに分割してくれるのに対して、UDPではそのまま送る。その

2）　TCPとIPというプロトコルを意味する場合もあるが、多くの場合はインターネットを構成する数々のプロトコルの総称として用いられる。

ため、データが大きすぎる場合には経路の途中で破棄される可能性もある。このように、UDPは信頼性に欠けるが、処理も通信負荷も軽いため、高速に通信ができる。そこで電話などのリアルタイム通信や同報通信に使われている。

　トランスポート層のTCPとUDPのもう1つの重要な役割は、パケットをプログラムに対応づけることである。コンピュータはネットワークにおける識別子としてIPアドレスを持っているが、それはネットワークの口に対して1つしかない。しかし、コンピュータは同時に複数のプログラムを実行できるようになっており、それらが独立して通信を行うためには、1つしかないIPアドレスでは識別ができない。そこで、パケットに**ポート番号**という16ビットの数値をつけて、どのプログラムによって送受信されたデータかを識別している。

　プログラムの中には、ウェブサーバのように外部からのリクエストに応じてサービスを提供するようなプログラムがある。そういったプログラムにリクエストを送り届けるためには、IPアドレスのほかに、そのプログラムが使用しているポート番号をあらかじめ知っておく必要がある。そのため、一般的なサービスについては、待ち受けるポート番号が予約されており、それをウェル・ノウン（well known）ポート番号という。他方、自由に使ってよいポート番号の範囲も定められている。

　リクエストを待ち受けているプログラムのポート番号は一定でないと都合が悪いが、リクエストをする側のプログラムのポート番号にはとくに制限はない。したがって、リクエストのパケットには宛先のIPアドレスと要求するサービスのウェル・ノウン・ポート番号、および、送信元のIPアドレスと返送先ポート番号が記載されており、リクエストを受けたプログラムは送信元のIPアドレスの指定されたポート番号に対してパケットを送り返す。

TCP/IP プロトコル群には、他にも後述するHTTPやSMTPなどのプロトコルがあるが、それらはセッション層〜アプリケーション層を兼ねている。このようにOSI参照モデルはTCP/IPと必ずしも1対1対応ではないが、ネットワーク技術体系のモデルとして有用である。

2. ワールド・ワイド・ウェブ（World Wide Web：WWW）

「インターネットで検索する」という表現はよく耳にするが、そのとき使っているのが**ワールド・ワイド・ウェブ**（以下ウェブ）というサービスである。ウェブはインターネットのサービスの代名詞といえるほど、中心的なサービスである。

ウェブを閲覧するときには、**ウェブブラウザ**（以下ブラウザ）というアプリケーションソフトを使う。これはウェブクライアントともいい、ウェブサービスの提供を受けるための専用ソフトである。代表的なブラウザにはFirefox、Chrome、Edge、Safariなどがある。

一方、ウェブサービスを提供しているのは、インターネット上に無数に点在し、常時稼働しているウェブサーバである。サービスを提供する側と受ける側が明瞭に分かれているこのようなシステム構成を**クライアント・サーバ・モデル**という。ウェブサーバが行っていることは、基本的には、インターネット上のブラウザからのリクエストに応じてウェブサーバ内のファイルを送るだけである。

そのリクエストを行うためには、どのウェブサーバ上のどのファイルかを一意に指定する方法が必要である。それがURI（Uniform Resource Identifier）[3] である。URIはブラウザの左上の方にある窓（検索窓と兼用になっているブラウザが多い）の中に表示されている、図

---

3)　一般にはURL（Uniform Resource Locator）と呼ばれることが多いが、URIはURLを含むより包括的な記法である。

5-2に示すような文字列である。ふつうはブラウザ起動時に表示される検索サイト[4] から目的のウェブページを検索するので、あまり気に留めていないかもしれないが、最初に表示される検索サイトを含め、どのウェブページにも必ずURIがあり、それがブラウザに表示される内容を決定している。

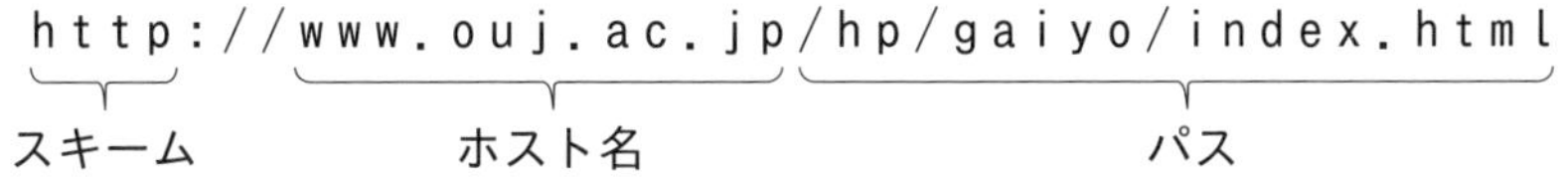

```
http://www.ouj.ac.jp/hp/gaiyo/index.html
```
　スキーム　　　　　ホスト名　　　　　　　　　パス

図5-2　URIの主要な構造

　URIの主要な構造を図5-2に示す。スキームはインターネット上のデータに到達するための手段を表している。この例の"http"とは後述するHTTPというプロトコルを使用することを示している。このほかに重要なスキームとして**https**（HTTP over SSL/TLS）がある。HTTPが情報をそのまま通信するのに対して、HTTPSは情報を暗号化して通信する。このため、パケットの中継点などで盗聴されても情報が漏れる心配がない。ウェブを通してクレジットカード番号などの機密性の高い情報を送るときには、スキームがhttpsになっていることを必ず確認して送るようにしたい。多くのブラウザではhttpsのときには、南京錠がかかっているようなアイコンが表示されるようになっている。

　次の"www.ouj.ac.jp"が**ホスト名**（FQDN）であり、これについては第4章で述べた。ちなみに、wwwはドメインを代表するウェブサーバに慣習的につけられる名前である。残りの部分がパスであり、通常はホ

---

4)　ポータルサイトと呼ばれる。なお、サイトとは特定のドメインの管理下にあるウェブページの集まりをいう。

ストの中のどこにある、どういう名前のファイルかということを指定する。ホストの中にはドキュメントルートというウェブで公開するファイルを集めたディレクトリ（パソコンではフォルダという名前でも呼ばれる）があり、その中のファイルの所在地と名前を指定している。この例の場合は、ドキュメントルートの中にhpという名前のディレクトリがあり、さらにその中にgaiyoという名前のディレクトリがあり、その中にあるindex.htmlという名のファイルを指定している。なお、ファイル名が、index.html、index.htmの場合にはファイル名を省略できるように設定されていることが多い。

　ほとんどのウェブページの文章には、リンク（青字表示されていることが多い）があって、そこをマウスでクリックすると、別のウェブページが開くようになっている。この機能を**ハイパーリンク**と呼ぶ。リンク先は、同一サイトにある必要はなく、別のサイトにあるものでもかまわない。したがって、リンクをたどっていくうちに、いつの間にか別のサイトに入り込んでいることもある。このようなハイパーリンクで文書を相互に関係づけるしくみは**ハイパーテキスト**と呼ばれる。

　じつは、画面上で単一のページに見えるようなウェブページであっても、その中の文章と画像は別々のファイルになっており、同一のウェブサーバ上にあるとは限らない。ウェブページの実体は**HTML**（Hypertext Markup Language）や**CSS**（Cascading Style Sheets）などのウェブページ記述言語を用いて、文字列、その表示形式、ページのレイアウト、ハイパーリンク、貼り込む画像ファイルのURIなどが記述された単純なテキストファイルである。それをブラウザが取得して、記述された指示に従って、画像ファイルなどを取得し、1つの画面の中に統合して表示する。このため、画面上は1つの著作物に見えていても、その構成要素には別サイトの著作物が含まれている可能性がある点には注意が

必要である。

　ブラウザとウェブサーバとの通信には**HTTP**（Hypertext Transfer Protocol）というアプリケーション層のプロトコルが使われる。HTTPの特徴は、一問一答、すなわち、1回の要求に対して1回の応答で1つの処理が完結するということである。逆に言えば、要求をまたがって状態を保持するということができない。この特徴を**ステートレス**という。これはシステムを単純にするのに効果的であり、ウェブサーバが多量のリクエストを捌けるのも、この特徴に依るところが大きい。

　しかし、ウェブでさまざまなサービスを実現するためには、一定の応答の手順を踏むことが必須な場合がある。たとえば、会員制サイトで、最初に1回認証を行うだけでよいようにしたいとすれば、どうしても認証が済んでいるかどうかを保存しておく必要がある。そのために**クッキー**（cookie）という技術が使われる。クッキーはウェブサーバがブラウザに保存させることができる小さなデータである。使い方は、ウェブサーバがブラウザに応答するときに、最大4096文字（バイト）の任意のデータ（その時点の利用状態や利用者識別情報などを表すことが多い）を一緒に送ってクッキーとして保存させる。次からそのウェブサーバにブラウザがリクエストを送る際には、そのクッキーの内容もつけて送る。それを受信したウェブサーバはクッキーの内容を分析することで、誰のどういう状態からのリクエストかを知ることができるので、それに応じた返答を返すことができる。その返答にまた新しいクッキーをつけて送れば、利用者のクッキーが更新される。会員制サイトの例でいえば、利用者がサイトにログインすると、その利用者の識別子がクッキーに書き込まれ、次のリクエストからはその情報が一緒にサイトに送られるので、リクエストのたびに利用者認証を行う必要はなく、サイトはその利用者にカスタマイズした情報を送信できる。クッキーの有効期

限は、普通はブラウザが終了するまでであるが、期限を指定してパソコンの記憶装置に残しておくこともできる。サイトによっては、別の日にアクセスしても利用者を記憶していることがあるが、それはクッキーが残っていたためである。これは利便性を高める反面、別の利用者が使い始めたときに前の情報が残っているとか、利用者がウェブサービスにログイン後に第三者にクッキーを盗聴された場合、その第三者が正当な利用者に成り代わってウェブ操作を続けることができるなどの、セキュリティ上の問題点がある。

3. 電子メール

パソコンやモバイル端末などで、主として文字情報のやりとりができるサービスは多数存在するが、それらは大別するとSMS（Short Message Service）、IM（Instant Messenger、チャット）、**電子メール**に分類される。それらの特徴を表5-2に示す。

表5-2　主な文字情報通信サービスの種類

サービス	特徴
SMS	携帯電話やスマートフォンの間で、最大160文字（バイト）程度の短い文字列の送受信が行える。携帯電話事業者によって運営されており、電話番号に対して通信するので、電話番号を持たないパソコンなどとは通信できない。当初は同じ携帯電話事業者の契約者間でしか通信できなかったが、現在は事業者をまたがって通信できる。
IM（チャット）	パソコンまたはスマートフォン等の携帯端末の利用者間でリアルタイムに短いメッセージを送り合える。1対1だけはなく、グループでメッセージを送り合うこともできる。これを使うためには、あらかじめ同一のアプリケーションソフトをインストールしておく必要があり、異なるソフト間では通信できない。
電子メール	パソコンや携帯端末を用いて、管理者から発行された電子メールアドレスで通信する。標準化されているので、どのメールソフト間でも通信できる。また、複数のファイルを添付して送ることができる。

　本節では、これらのうち最も公共的で広範に使われている電子メールについて解説する。

　電子メールが送られるしくみを図5-3に示す。利用者が電子メールを使用する手段には、大別して、自分のパソコンで**メーラ**というアプリケーションソフトを使用する方法と、ブラウザを用いてウェブメールサービスにアクセスする方法（**ウェブメール**）とがある。メーラはオフラインでもメールを読んだり書いたりできるという利点があるが、端末ごとにメーラを設定しなければならないため自分の端末からしか使えないという欠点がある。他方、ウェブメールは、誰のどの端末からでもブラウザさえあれば使用できるが、インターネットにオンライン接続していなければならないという欠点がある。

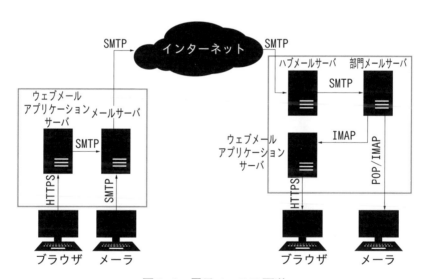

図5-3　電子メールの配送

　メーラを使って作成したメッセージは**SMTP**（Simple Mail Transfer Protocol）というアプリケーション層のプロトコルを使ってメールサーバに転送される。ウェブメールの場合は、ウェブメールアプリケーションサーバを介してやはりSMTPでメールサーバに転送される。

　メールサーバは組織内で常時稼働しているコンピュータであり、メールの中継や届いたメールをメールアドレスごとのメールボックスに分配し、保管する役割をする。大きな組織では負荷分散やセキュリティ対策のために、おもに利用者とのやりとりを行う組織内メールサーバと、インターネットとのメールの中継を行う対外メールサーバを分けて設置していることもある。

図5-4　メールアドレスの構造

　送信者からのメッセージを受け取った送信者側のメールサーバは、メールアドレスから宛先のメールサーバのIPアドレスを探し出す。メールアドレスの構造は図5-4のように、宛名（ローカルパート）とドメイン名（ドメインパート）から構成される。この場合、bar.ac.jpというドメインに所属するfooさんという意味である。メールアドレスのドメイン名から、そのドメインを管轄しているメールサーバを見つけ出して、そこにメールを転送する。それには前章で述べたDNSを用いる。DNSはドメイン名（FQDN）からIPアドレスを検索する名前解決の機能だけではなく、ドメイン名からそのドメインを管轄しているメールサーバを検索できる機能も持っている。DNSに宛先のメールサーバを問い合

わせると、大きな組織では複数のメールサーバが返答されることがある。その場合には優先度が併せて返答されるので、それに従って送信先を選び、SMTPで宛先のメールサーバにメールを転送する。

　以上の説明だけからは、メールは自分の組織のメールサーバから直に相手のメールサーバに届いているように見える。それならば、両方の組織のセキュリティが万全であれば、メールの内容が漏洩することはないだろう。しかし、これはSMTPというアプリケーション層のプロトコルのレベルだけで話をしていることを忘れてはならない。実際には、データはより下層のプロトコルに渡され、TCPでパケットに分割され、IPでいくつものルータを介してバケツリレー方式で宛先のメールサーバまで送られる。このとき、メールの内容は、そのまま（平文）でパケットに分割されることになる。したがって、仮に、悪意の中継者が通過するパケットの盗聴を行ったとしたら、メールの内容が復元可能になる。この状況は、たとえるなら、郵便を封書ではなくハガキで送るようなものである。ハガキは配送してくれる郵便局員には読まれる可能性[5]がある。したがって、決して重要なパスワードやクレジットカードの番号などを平文のまま電子メールで送ることのないようにしたい。

　届いたメールは、大きな組織ではインターネットからのメールの入口となるハブメールサーバが受け取り、さらに、宛名ごとのメールボックスのある部門メールサーバへとSMTPで転送され、そこで宛名ごとのメールボックスに仕分けして保管される。

　メールの受取人は、自分の利用者名のメールボックスがあるメールサーバにメーラまたはウェブメールでアクセスして届いたメールを読む。メーラで読むときには**POP**（Post Office Protocol）または**IMAP**（Internet Message Access Protocol）というアプリケーション層のプロトコルを用いてメールを受取人の端末に転送する。POPでは基本的に

---

5)　郵便局員には守秘義務があるので、その内容が漏洩することがないはずである。

メールボックスに届いたメールは自分の端末に転送して読むという利用法を想定しているが、IMAPではメールボックスに残したまま、必要なメールだけを読むということができる。

　近年、メーラとメールサーバとの間の通信にはTLS（Transport Layer Security）という暗号化技術が普及してきており、それを使えばパケットを盗聴されても解読できないので安全である。メールサーバが対応しているならば、ぜひ使用するように設定すべきである。ブラウザでウェブメールアプリケーションサーバーと通信する際には、一般的にはHTTPSという暗号化されたプロトコルが使用される。ただし、ここで暗号化されるのは利用者端末とサーバとの間の通信だけであることを忘れてはならない。メールサーバ間の通信は基本的には今もなおSMTPであり、暗号化されていない。なぜなら、すでに広く普及しているメールサーバを今からすべて暗号化に対応させるのは現実的に不可能であるからである。現状、メールの内容の漏洩を完全に防ぐためには、プレゼンテーション層のプロトコルでメールの本文を暗号化するしかなく、その規格としてS/MIME（Secure Multipurpose Internet Mail Extensions）があるが、個人が認証局からデジタル認証を取得して、それを維持しなくてはならないという手間とコストがかかるため、その普及はまた途上である。

参考文献 ▎

[1] 日本工業標準調査会「開放型システム間相互接続の基本参照モデル」*情報処理* (Vol. JIS X 5003)，東京：日本規格協会，(1987).

[2] 竹下隆史，村山公康，荒井透，苅田幸雄『マスタリングTCP/IP入門編』(第5版)，東京：オーム社，(2012).

演習問題 ▎

5.1 次の文の空欄に最もよく当てはまる語句をそれぞれ答えよ。

　　国際標準ではプロトコルは（　①　）層に分類される。最も下層が（　②　）層でハードウェアに近く、最も上層が（　③　）層で利用者に近い。IPは（　④　）層のプロトコルで、TCPは（　⑤　）層のプロトコルである。ある層のプロトコルは、その下層のプロトコルのことを気にする必要がない。これは階層間でデータが（　⑥　）されるためである。

5.2 次の文の空欄に最もよく当てはまる語句をそれぞれ答えよ。

　　ワールド・ワイド・ウェブでは、ファイルの所在を一意に表すために（　①　）という識別子が用いられる。ブラウザは暗号化されていない（　②　）または暗号化された（　③　）というプロトコルでウェブサーバと通信するが、この通信は（　④　）なのでこのままでは手順を踏んだ操作ができない。そこで（　⑤　）という技術によってその欠点を補っている。

5.3 次の文の空欄に最もよく当てはまる語句をそれぞれ答えよ。

電子メールは、メールサーバ同士で（　①　）というプロトコル
を用いてメッセージを転送することで宛先のメールサーバまで届
く。宛先のメールサーバを見つけるには（　②　）が用いられる。
メールサーバに届いたメールは、メールボックスに分配され保管さ
れる。それをメーラで読み出す際には（　③　）や（　④　）とい
うプロトコルが用いられる。メーラとメールサーバとの間の通信の
秘密保持のために、前記に併せて（　⑤　）というプロトコルを用
いることが推奨される。

6 | 情報リテラシーと情報倫理

児玉 晴男

《**学習の目標**》 情報社会における情報活用能力として、情報リテラシーの涵養が求められている。ネット環境の情報の活用に関しては、著作権等の対応、情報の自由な流通とプライバシー保護の相反する価値の考慮が必要になる。本章は、情報活用能力の涵養のための情報リテラシーと情報倫理との関係を考える。
《**キーワード**》 ソーシャルメディア、印刷メディア、電子メディア、リテラシー、オラリティ、倫理綱領

1. ネット環境の情報活用能力

　情報社会において、ネット環境の**情報活用能力**の涵養の必要性が言われている。それは、情報リテラシー教育のパソコン等の活用として機器類の操作法やプログラミング作法、情報技術・情報通信技術の知識や情報システムの運用などの習得になる。その対象が情報活用能力の技術的な側面とすれば、社会的な側面の素養も求められる。

　情報技術・情報通信技術と社会との関係は、プライバシー、情報セキュリティ、知的財産権、情報倫理の4つの観点の連関から捉えられる。第一の**プライバシー**の観点は、ネットワークからの独立、個人情報の保護、適正な撮影の確保などになる。第二の**情報セキュリティ**の観点は、ネットワークの安全確保、不適切な利用の回避、セキュリティ技術の開発などになる。第三の**知的財産権**の観点は、著作権の保護、技術による

権利保護などになる。第四の**情報倫理**の観点は、違法・有害コンテンツ等の回避、コンテンツ制作者の倫理などが挙げられる。

　ネット環境の情報の活用には、著作権等の処理が必要になり、情報の自由な利用という社会的な要求と、プライバシー保護という個人的な要求との相反する価値を考慮しなければならない。それは、ビッグデータやオープンデータの活用にあたっての課題になる。そこでは、データを適切に読み解く力を養い、データを適切に説明する力を養い、データを扱うための力を養う**データリテラシー**が求められる。それは、数理・データサイエンス・AI（人工知能）の法と倫理の基本的考え方と関わっている。情報社会における情報活用能力は、一般的には、情報リテラシーと情報倫理でくくられる。本章は、ソーシャルメディアにおける情報リテラシーと情報倫理との関係から、情報の適正な活用について考える。

2. メディア

　メディア（media）は、**媒体**（中間）（medium）の複数形である。また、メディアは、マスメディアの出版・新聞・放送のことをいう。ところで、「メディアはメッセージ」という**マクルーハン**（Herbert Marshall McLuhan）の格言は、情報を伝達するメディアそのものが、また情報であることを意味する。マクルーハンは、『**グーテンベルグの銀河系**』でメディアを印刷メディアと電子メディアで区分する。印刷メディアと電子メディアとの関係は、出版・新聞が電子出版・電子新聞へと展開していく姿で表せる。印刷メディアと電子メディアは、一般的には、アナログ形式とデジタル形式に対応する。

（1）印刷メディア
　グーテンベルクの活版印刷術の発明が、著作者の創作を促し、出版産

業の中で多様な文化的所産としての出版物を産出してきた。そして、著作権の始原は筆写術から出版・印刷技術という複製技術の変化によって起こり、著作権は出版・印刷に携わる者に帰属する権利として捉えられていた。活版印刷術の発明は、限定されていた写本に対して広く頒布させることを可能にした。この活版印刷術は、「人工的に書く技術」[1] と表記されており、アナログ的な複製技術である。

　印刷メディアのアナログ的な複製技術は、著作者の新しい概念を与えることになる。活版印刷術の複写力がもたらした新しい特色の中で最も重要なものが印刷の保存力であり、それは著作者に対して**剽窃**（ひょうせつ）（plagiarism）および**著作権**（copyright）に意味をもたせることになる[2]。

（2）電子メディア

　ポスター（Mark Poster）は、マクルーハンのような生態学的なアプローチではなく、言語論的なアプローチから、電子メディアがもたらす社会の変容を捉える必要性を主張する。それは、**情報様式**（mode of information）という概念への発展の3段階、すなわち対面し声に媒介されるシンボル交換の段階、印刷物によって媒介される書き言葉による交換の段階、電子的な交換の段階という言語論的なアプローチによって捉えている。印刷メディアと電子メディアは、生産様式と情報様式に対応づけられる。

　ところで、書かれる技術としての言語が身振り言語から確立していく過程は、その自然言語がプログラミング言語へ転換されていくとき、逆に、身振りや聴覚を回帰させている現象を発現させている。ソーシャル

1)　ジェームズ・W．トムプソン（箕輪成男訳）『出版産業の起源と発達—フランクフルト・ブックフェアの歴史—』出版同人、1974年、1頁。
2)　E.L. アイゼンステイン（別宮貞徳他訳）『印刷革命』みすず書房、1987年、85頁、91頁。

メディアは、電子メディアといえるが、**口頭伝承**の時代または対面し声に媒介されるシンボル交換の段階を内包している。

印刷メディアと電子メディアで取り扱われる情報形態の差異は、前者が固定化されているのに対し、後者が絶えず修正させていけることにある。これは、一面、電子メディアの利便性を特色づけているように見える。しかし、絶えず修正させていけることは、反面、電子メディアの情報の脆弱性を増すことになる。その脆弱性を顕現させないためには、電子メディアの情報の維持・管理が印刷メディアのときと比較してかえって煩雑なものとなってこよう。また、電子メディアの本来性が発揮されれば、その**オリジナリティ**の所属があいまいとなり、著作権や情報の「値段」が消滅していく対象であるとの見解がある[3]。この見解は、現状の情報の活用に関する認識とは異なっている。それは、ソーシャルメディアにおいて、口頭伝承の時代または対面し声に媒介されるシンボル交換の段階の性質を呈する電子メディアの中に印刷メディアの性質が内包されているからであろう。

3. 情報リテラシー

情報リテラシー教育の目的は、コンピュータやネットワークを使う技能の修得とともに、氾濫する情報の中から有用な情報を選択し、自らが主体的に情報を発信する能力を育成することにあるといわれている。この能力のことを**情報活用能力**といい、この概念は1986年の臨時教育審議会第二次答申において初めて用いられている。情報活用能力は、「読み、書き、算盤」と並ぶ基礎・基本と位置づけられたことより、情報リテラシーと同義に限定的に用いられている。

---

3) 黒崎政男「電子メディア時代の「著者」」『新科学対話』、アスキー出版社、1997年、213〜216頁。

　パソコンやスマートフォンを操作することで、情報を得るための知識・能力のことはコンピュータリテラシーといわれ、収集した情報から必要な部分を評価して得ることはメディアリテラシーとされ、収集した情報の各部分を使いこなすことはinformation literacyの翻訳による情報リテラシーと呼ばれる。それらは、情報リテラシーと総称され、情報技術・情報通信技術と社会との関わりからの情報活用能力の涵養としてはメディアリテラシーを指していよう。

（1）メディアリテラシー

　情報リテラシーが注目されたのは、大学図書館の存在意義が問われたときに、米国の図書館協会が学校図書館の積極的な役割として情報リテラシーを取り上げたことによっている[4]。これは、我が国の情報リテラシーが大学の情報基盤センターなどとの関連で教育が行われている点から言えば、情報リテラシー教育が行われる場の背景を異にしている。このような点から言えることは、メディアリテラシーの理解は、我が国の社会システムや法システムに整合するものでなければならない。

　マクルーハンの見解の先に、**オング**（Walter Jackson Ong）の見解がある。それは、**リテラシー**（literacy）に対比される概念の**オラリティ**（orality）を示すものである。リテラシーが文字の文化や書き言葉の世界を意味するのに対して、オラリティは声の文化や即興的で一過性の話し言葉の世界を意味する。オングは、**口頭伝承**の時代の文化を**一次的なオラリティ**とし、書くこと（筆写術）および印刷の時代の文化をリテラシーと捉え、エレクトロニクスの時代を**二次的なオラリティ**と位置づけ

---

4)　American Library Association：Information Literacy Association's Presidential Committee on Information Literacy the Final Report, Chicago（American Library Association, 1989）.

られるという。リテラシーと二次的なオラリティは、メディア環境の印刷メディアと電子メディアに対応している。二次的なオラリティは、一次的なオラリティを段階的に含んだリテラシーと同じように、リテラシーを段階的に含む性質をもとう。そうすると、ソーシャルメディアにおけるソーシャル・ネットワーキング・サービス（social networking service：SNS）で繰り広げられるチャットやつぶやきは、二次的なオラリティの話し言葉の性質に合うが、書き言葉で表示されることからリテラシーの性質も含んでいる。

　オングのリテラシーとオラリティのメディア環境の分類に従えば、メディアリテラシーだけでなく、メディアオラリティが想定できる。情報リテラシーが対象とするのは、メディアリテラシーとメディアオラリティの2つの面の性質をもとう。オープンデータやオープンコンテンツは、ちょっとした変更で付加価値をもたせた**派生物**（derivative work）として、制作経費に連動しない前段階の情報の価格より高くも低くも設定でき提供できる。その観点では、**フリーライド**や**額に汗の理論**（sweat of the blow）に適う対応が求められる。それは著作権等の対応が求められメディアリテラシーの性質と言えるが、ソーシャルメディアにおいてはメディアオラリティとの関わりからの対応が求められよう。

（2）メディアオラリティ

　ビッグデータやオープンデータである行政情報や気象情報は、自由なアクセスが原則であろう。その観点では、フリーライドや額に汗の理論とは逆転した対応になる。情報の活用に当たっては倫理的な対応を伴うことがある。情報発信にあたって、改めて情報倫理や情報の編集手順の必要性がとりざたされるのは、メディアの転換期に見られる典型的な現象と言える。

　印刷メディア以前の一次的なオラリティにおいて、著作者の価値は低い。ここに、印刷メディアが著作者を価値づけたことになる。それ以前は、たとえ著作者が判明していても、そこに価値は見られなかった。二次的なオラリティにおいて、著作者や著作権という概念を有しなかった一次的なオラリティの環境へ回帰しよう。電子メディアにおける創作者と創作物の概念およびそれらの権利に対する意識の混乱は、一次的なオラリティとリテラシーの転換およびリテラシーと二次的なオラリティとの転換が逆のプロセスにより形成される環境にあろう。メディアオラリティにおいては、情報倫理および著作権等の制限または著作権等の保護と著作権等の制限との調整が求められる。

　上記の関係は、放送大学の授業のメディア展開でたとえることができる。放送大学の授業は放送授業（電子テキスト）としてテレビとラジオおよびradiko.jpで公衆送信され、放送授業には印刷教材が用意されている。それら授業の自動公衆送信がすすめられ、また放送授業とは別に面接授業（対面授業）もある。さらに、ソーシャルメディアの機能をもつオンライン授業が制作されているが、オンライン授業には印刷教材（印刷テキスト）は用意されていない。すでに面接授業において現実化しているが、自動公衆送信されるオンライン授業のメディアミックス型電子テキストは、受講生の検索の対象になればオリジナリティの評価が即座に判別される。メディアミックス型電子テキストの構造は、今まで許容されてきた印刷テキストの構造と変わらざるを得なくなろう。放送と通信が融合し放送とネット同時配信がすすめられるメディア環境において、リテラシーの環境で理解されてきた放送授業と印刷教材における著作者と著作権およびオリジナリティの理解に対して、放送授業や印刷教材と同一性があるオンライン授業の二次的なオラリティの環境におけ

る著作者と著作権およびオリジナリティのとらえ方の違いも考慮する必要がある。

4. 情報倫理

　データ・AIを利活用する際にモラルや倫理の涵養が求められている。それは、ソーシャルメディアにおいても同様である。**情報活用能力**と**創造性**とは、少なくとも、同時に関連づけられることはない。情報活用能力と創造性の2つの関係は、情報リテラシー教育において、明確な区別が必要になろう。この関係は、著作権・知財教育と情報活用能力および**情報倫理教育**と創造性とが対概念となって形成される。創造性は、情報の創造を保護するしくみから直接に導き出されるものではなく、情報を自由に活用できる環境から育まれよう。ただし、情報を自由に活用できる環境では、他者が創作し制作した情報を活用するうえで、倫理的な対応が求められる。

　情報活用能力のための情報リテラシーは、情報の創造、保護および活用の各段階に対応する教育になる。情報リテラシー教育は、著作権・知財教育と情報倫理教育との関係から、メディア環境（メディアリテラシーとメディアオラリティ）との対応づけから整理することができる。なお、ソーシャルメディアにおいては、著作権・知財教育と情報倫理教育との相互の関係が見られる。

（1）メディアリテラシーと著作権・知財教育

　デジタルコンテンツは、著作物の細分化の観点から、それに対応して権利が分離され、またそれらの組み合わせを変えて多様な権利パターンを派生させる。デジタルコンテンツの流通に関して著作物の利用許諾を原点へ押し戻し、デジタルコンテンツの容易な利用ができなくなること

が問題になる。情報の創造と保護のしくみは、文化に多様性があるように、社会システムと法システムにも各国で違いがある。諸外国の社会システムと法システムとの違いを考慮したうえで、**著作権・知財教育**は、我が国の社会システムと法システムと整合していなければならない。著作権・知財教育の中心は著作権教育である。

　日本国憲法29条の**財産権**（動産、不動産）は、これを侵してはならないという規定を知的財産（無体物）に適用して著作権（著作者の経済的権利）が保護される。これに対して、**合衆国憲法修正第1条**の言論または出版の自由を制限する法律の例外として、**書かれたもの**（writings）に限定してcopyrightsは認められるものであり、**有形的な媒体への固定**（fixation of tangible media）が必要である。我が国の著作権法を説明するのであれば、著作者人格権、著作権、出版権、実演家人格権、著作隣接権の5つの権利の関係を見通す必要がある。また、デジタルコンテンツのソフトウェアは、プログラムの著作物であり、物の発明でもあり、ソフトウェアのソースコードは営業秘密にもなりうる。さらに、オープンコンテンツやオープンソースで提供されるデジタルコンテンツの名称は、商標である。著作権法と産業財産権法および不正競争防止法は、ネット環境の情報の創造と保護において相互に関係している。著作権・知財教育は、著作権法と知的財産法を横断する知的財産の創造、保護および活用の面から説明する必要がある。

　「**情報処理学会倫理綱領**」では、オリジナリティの尊重や著作権・知的財産権の保護が明記される[5]。「**電子情報通信学会行動指針**」にも、オリジナリティの尊重があり、成果創出には独自の価値の創出を目指し、他者の権利侵害を避け、他者が行った成果を利用する場合には出所

---

5)　「処理学会倫理綱領」https://www.ipsj.or.jp/ipsjcode.html（accessed 2021-10-31)

96

を明示するとある[6]。この観点は、著作権・知財教育の観点は、メディアリテラシーの面からの理解を求めるものになる。

（2）メディアオラリティと情報倫理教育

　「情報処理学会倫理綱領」は、他者の生命、安全、財産を侵害しないとし、他者の人格とプライバシーを尊重し、社会における文化の多様性に配慮するとする。そして、事実やデータを尊重し、情報処理技術がもたらす社会やユーザへの影響とリスクについて配慮し、契約や合意を尊重し、秘匿情報を守るとする。また、「**電子情報通信学会行動指針**」では、公正と誠実を重んじ、他者の権利を尊重するとする。他者の権利は、人種、国籍、宗教、思想、性別、年齢などを公平に扱い、生命、財産、名誉、プライバシー、自由・自律等の他者の権利を尊重することになる。そして、公益に配慮しつつ、職務上取り交わした契約を遵守するとする。「情報処理学会倫理綱領」と「電子情報通信学会行動指針」の規定は、情報の使用にあたっての留意事項になる。

　上記の倫理綱領は、**ACM**（Association for Computing Machinery）と **IEEE**（The Institute of Electrical and Electronics Engineers、Inc.）を参考にして制定されている。著作権の制限において、**フェアユース**（fair use）の法理の導入がいわれる。フェアユースとは、米国著作権法における著作権のある著作物（copyrighted works）に対する排他的権利の制限であり、我が国の著作権法の著作権の制限にあたる。しかし、著作権の保護のしくみが日米で異なっているように、情報の使用の点に関しても、同様な注意が必要である。情報の使用において**著作権の制限**とフェアユースとは正反対な関係にあるとさえいえる。同様に、倫理の

---

6)　「情報通信学会行動指針」http://www.ieice.org/jpn/about/code2.html（accessed 2021-10-31）

考え方も各国で異なっている。日米の著作権制度に違いがあるように、倫理綱領の適用についても、同様のことがいえる。

　ネット環境の情報の活用に際して、情報の公開性と秘密性との配慮が求められる。行政情報に関する**知る権利**（right to know）に対して、その行政情報に含まれる個人情報に関してプライバシーの問題がある。プライバシーの意味には、変遷がある。それは、「**ひとりにしておかれる権利**」（right to be let alone）、「**自己に関する情報の流れをコントロールする権利**」（individual's right to control the circulation of information relating to oneself）、さらに「**忘れられる権利**」（right to be forgotten）になる。プライバシーの保護に関しても多様な対応が求められ、情報の自由な流れと人権・人格権・プライバシー保護という競合する価値の調和が必要になる。また、顧客情報である個人情報は、人格的価値とともに営業秘密として経済的価値を有しており、知的財産との関わりからの対応も必要になる。

　著作権・知的財産権との関わりで経済的価値を与えるメディア環境がメディアリテラシーであり、情報倫理との関わりで社会的な価値を付与するメディア環境がメディアオラリティになろう。メディアリテラシーにおいて著作権・知財教育が適合し、メディアオラリティにおいては情報倫理教育が適合する。そして、それら2つの観点がソーシャルメディアにおいて関連する。ネット環境では、著作物の使用が指向される。この利用と使用の関係は、著作権の保護と著作権の制限に対応する。それは、倫理綱領に含まれる内容が情報倫理教育に著作権・知財教育が含まれるゆえんになろう。ここに、情報の活用は、著作権の保護と著作権の制限との合理的な関係が求められる。Winny事件[7]は、上記の内容を含

7)　「著作権法違反幇助被告事件」
http://www.courts.go.jp/app/hanrei_jp/detail2?id = 81846（accessed 2021 - 10 - 31））

む適例であり、著作権等と倫理を総合的に検討する必要がある。

5. まとめ

　情報のコピー・アンド・ペーストの操作は、情報の利用と使用の区分
けを曖昧にしている。その技術的な面では便利なしくみであっても、情
報の活用にあたっては法規制と自己規制が伴う問題を含む。ビッグデー
タの活用は、経済的価値とプライバシーという問題への対応に適うメ
ディア環境になる。他方、オープンデータの活用は、情報の自由な流通
に馴染むメディア環境になる。このメディア環境の関係は、メディアリ
テラシーとメディアオラリティとの関係になるが、ソーシャルメディア
においてはメディアオラリティとメディアリテラシーが共存していよ
う。情報活用能力の涵養において、メディアリテラシー面だけではな
く、メディアオラリティ面の考慮も必要である。

　情報リテラシーと情報倫理との関わりは、印刷メディアとリテラシー
は法規制と対応し、電子メディアとオラリティは自己規制との対応にな
ろう。ビッグデータの活用の法規制では、著作権法にとどまることはな
い。産業財産権法、不正競争防止法、そして情報公開法と個人情報保護
法との関係に拡張して、情報・メディア法との関わりから考えておく必
要がある。そして、オープンデータとオープンソースおよびオープンコ
ンテンツの活用は、法規制の適用除外と情報倫理という自己規制と関わ
りがある。ただし、オープンデータとオープンソースおよびオープンコ
ンテンツ自体の創造は、法規制の適用との関わりがある。

　法と倫理とは相互に入り込むものではないが、法と倫理はともに道徳
規範に関わりをもつ。情報が適正に活用されるためには、ハードローに
よる罰則規定を強化する法規制だけに頼ることだけではなく、ソフト
ローによる倫理綱領による自主規制をすすめることも有効である。

参考文献

［1］児玉 晴男「情報教育における著作権と情報倫理のメディア環境」情報通信学会誌Vol.21，No.1，pp.79-86，（2003）．

［2］マーシャル・マクルーハン（森常治訳）『グーテンベルグの銀河系—活字人間の形成』みすず書房，（1986）．

［3］マーク・ポスター（室井尚、吉岡洋訳）『情報様式論　ポスト構造主義の社会理論』岩波書店，（1991）．

［4］ウォルター・J・オング（桜井直文・林正寛・糟谷啓介訳）『声の文化と文字の文化』藤原書店，（1991）．

［5］児玉晴男『情報・メディアと法』放送大学教育振興会，（2018）．

演習問題

6.1 データリテラシーについて調べてみよう。

6.2 各学会の倫理綱領について調べてみよう。

6.3 Winny事件（著作権法違反幇助被告事件）について調べてみよう。

7 | 情報セキュリティ技術

大西 仁

《目標＆ポイント》 情報資産が脅威にさらされる原因と攻撃のしくみ、防御のしくみについて、技術の観点から解説する。
《キーワード》 機密性、完全性、可用性、脆弱性、マルウェア、認証、セキュリティソフトウェア、ファイアウォール、IDS/IPS、共通鍵暗号方式、公開鍵暗号方式、電子署名、PKI

1. 情報セキュリティ

　情報セキュリティに関する用語を定義しているJIS Q 27000では、情報セキュリティを「情報の機密性、完全性、および可用性を維持すること」と定義している。ここで、**機密性**とは、許可された者だけが情報にアクセスできるということである。**完全性**とは、情報が正確で完全であること、すなわち情報が破壊されたり、改ざんされたりしていないことである。**可用性**とは、許可された者が必要時に情報にアクセスできること、すなわち機器の故障や停電等によりサービス停止しないことである。

　組織が守るべき**情報資産**は、情報機器やソフトウェア、ハードディスクやUSBメモリ等の記録媒体に蓄積されたデータ、通信ネットワークを流れるデータにとどまらない。紙に印刷された情報、人間が記憶している事実やノウハウも情報資産に含まれる。近年の不正行為は、企業の機密情報を窃取して売却するなど金銭目的のものが増えており、情報資

産のセキュリティを守ることの重要性も増している。本章では情報セキュリティの技術的側面について説明するが、組織において情報資産を守るには技術的な対策だけでは不十分で、日常業務のしくみとして情報セキュリティを守るようにする必要があることを強調しておきたい。

2. 情報セキュリティへの脅威とその技術的背景

（1）情報セキュリティへの脅威

　情報資産が損なわれる可能性を**リスク**、情報資産が実際に損なわれた事態を**インシデント**という。インシデントの潜在的な原因、すなわち情報資産が損なわれる要因を**脅威**という。情報資産への脅威、すなわち情報セキュリティへの脅威といえば、コンピュータウイルスや外部からの不正アクセスを真っ先に思い浮かべるかもしれないが、組織内部の人間による悪意または過失による情報の漏洩や破壊、さらには機器の故障や電源喪失も脅威であり、それらの脅威への対策も必要である。

　不正行為による脅威は、ネットワークを流れるデータや保存されているデータを窃取する（盗聴・漏洩）、データを不正に書き換える（改ざん）、データを消去する等して使用できなくする（破壊）、別人を装い、預金の引き出し、詐欺や社会的に好ましくない行為を行う（なりすまし）、サーバに大量のデータを送り過大な負荷をかけてサーバの機能を低下・停止に追い込む（DoS攻撃）、不正アクセスを行う際の中継地点として他人のコンピュータを不正に使用する（踏み台）等、さまざまな形態がある。

（2）脆弱性

　ソフトウェア、ハードウェア、ネットワーク、運用等に潜むセキュリティ上の弱点を**脆弱性**という。ソフトウェアの脆弱性として代表的なも

の2つを次に挙げる。

バッファオーバーフロー

　プログラムが想定していない大きなデータが入力されたとき、そのチェック処理を忘れると、データ用に確保していたメモリ領域を超えてデータが格納され、プログラムに書き換えが生じる恐れがある。この脆弱性を**バッファオーバーフロー**という。バッファオーバーフローを利用して不正なプログラムを実行される恐れがある。プログラムが巨大になると、入力のチェック処理を忘れる部分が生じる可能性が高くなる。バッファオーバーフローはあらゆる分野のプログラムに起こる可能性があり、オペレーティングシステム（OS）や通信関連のソフトウェアのような「いかにも危なそうな」ソフトウェアに限らず、意外とも思えるソフトウェアの小さな見落としが大きな脅威になることもある。

インジェクション

　Webページ内で表示を動的に変化させたり、計算処理等を行うJavaScriptと呼ばれるプログラミング言語で記述されたプログラムが埋め込まれていることもある。また、サーバ側にはデータを管理するためにデータベースが用いられる場合が多い。Webの検索サイトでのキーワード検索やアンケートの回答等では、入力フォームより文字列を入力し、サーバやWebブラウザで処理される。

　入力フォームに、Webページを表現するためのHTMLタグやJavaScript等のプログラム、データベースの命令が入力されたときは、それらが単なる文字列として処理されるようになっている。しかし、処理に不備があると、入力が特別な意味をもち、意図と異なる動作をする恐れがある。たとえば、データベースの命令を入力することにより不正にデータを引き出したり、タグやJavaScriptのプログラムを入力したり

することにより、ユーザがそのWebページを表示すると、強制的に不
正なWebページを表示するようにして害を与えたりする。このように
文字入力を受け付けるプログラムに対して入力チェックの不備を衝い
て、命令を入力し不正行為を行うことを**インジェクション**という。

（3）マルウェア

　悪意をもって作られた不正な行為を行うソフトウェアを総称して**マル
ウェア**という。不正な行為を行うソフトウェアといえば、コンピュータ
ウイルスを思い浮かべるかもしれないが、コンピュータウイルスは単独
では動作せず、他のプログラムやファイルに寄生して不正な行為を行う
プログラムのことである。寄生せずに単独で実行可能なプログラムとし
て存在するマルウェアもある。それらはもっぱら不正行為を行うもの
も、正常な機能をもったソフトウェアを装い、その裏で不正な行為を行
うものもある。

　マルウェアの行う不正行為は、個人や組織の情報の窃取、Webペー
ジ等の改ざん、ファイルを暗号化等によりユーザのアクセスを制限[1]、
外部からのコントロールで他のコンピュータを攻撃等、さまざまであ
る。マルウェアによる被害のうち、コンピュータの動作が遅くなる、勝
手に再起動する、ファイルが勝手に消えたり増えたりする、インター
ネットバンキングでの身に覚えのない送金等は比較的気づきやすいが、
情報の窃取等は気づきにくく被害が拡大しやすい。

　マルウェアの代表的な感染経路として、電子メールの添付ファイル、
不正な仕掛けのあるWebページ、LANでつながったすでに感染したコ
ンピュータ、USBメモリ等の着脱可能な補助記憶装置、ファイル共有、

---

1)　それを解除するためにユーザに金銭を要求することからランサムウェアと呼ば
れる。

が挙げられる。不正な仕掛けのあるWebページは、ページの作成者により意図的に作られることもあれば、インジェクション等により不正なページに書き換えられることもある。また、不正なページは、閲覧するだけで感染することもあれば、マルウェアに感染されたソフトウェアをダウンロードして実行することで感染することもある。

（4）ソーシャルエンジニアリング

ソーシャルエンジニアリングとは、情報通信技術を使わずに、人間の心理や行動の隙を衝いて、情報を窃取する方法である。たとえば、電話で言葉巧みにパスワードを聞き出す、パスワード入力しているところを覗き見る、ゴミ箱を漁り情報を探し出す等の方法で情報を窃取する。ソーシャルエンジニアリングは技術的な対策の及ばない不正であり、ユーザ1人ひとりが情報窃取のリスクを理解して、窃取されないように注意して行動する必要がある。

3. 情報セキュリティ対策技術

（1）認証

認証とは、情報にアクセスしようとしている者があらかじめ許可された者であることを確認することである。最もポピュラーな方法は、ユーザIDと**パスワード**による認証である。パスワードが他人に知られては認証にならないので、パスワードを絶対に他人に教えてはいけないのは当然として、ソーシャルエンジニアリングによる窃取にも注意する必要がある。

また、パスワードは推測されないようなものにする必要がある。たとえば、生年月日や家族の名前、"0000"、"54321"のような単純な数字列、辞書に載っている単語、単語の文字列を反転したり、"i"を"1"、"a"を

"@" といった簡単な変換規則で置き換えた文字列では、コンピュータを用いたパスワード攻撃で推測されてしまう可能性が高い。パスワードは上記のような文字列は避け、大文字・小文字・数字・記号を含めた長い文字列を使用することが推奨されている。また、万一パスワードを窃取された場合に被害を最小限に抑えるために、複数のサービスで同じパスワードを使い回さないようにすることも重要である。以上の条件を満たす複雑なパスワードをすべて覚えているのは困難であることから、パスワード管理ツールを利用することも考えられる。

　一部のパーソナルコンピュータやスマートフォン等では、指紋や顔による認証が採用されている。また、銀行のATMで手指の静脈のパターンによる認証を行うものがある。これらのように個人ごとに異なる身体的特徴を利用する認証方法を**生体認証**という。

　クレジットカード、一部のキャッシュカードや身分証明書等では、偽造が困難なICチップを埋め込むことで、そのカードの所持者が本人であることを認証する。また、IDとパスワードを入力したのが本人であることを確認するため、あらかじめ登録した電話番号に1回限り有効なワンタイムパスワードを送り、ワンタイムパスワードで二重に認証を行うこともある。メールはどの端末でも読めるが、電話番号は電話機固有の番号であることから、認証の手段になるという考え方である。

　認証にはさまざまな方法があるが、本人のみがもっている「もの」を本人の証明に使用するというのが認証の基本的な考え方である。ここで「もの」とは、ICチップを埋め込んだカード等の物体に限らず、パスワード等の知識、身体的特徴も含む。ただし、単一の手法では破られる可能性があるので、複数の手法を組み合わせた**多要素認証**が用いられることもある。

（2）セキュリティアップデート

　ソフトウェアに脆弱性が発見されると、開発者は脆弱性を修正するプログラムを提供し、損害が出ないようにする。ユーザが修正プログラムを適用してソフトウェアを更新することで脆弱性は取り除かれる。更新が遅れると、情報セキュリティが損なわれるリスクが高くなるので、更新を自動的に行うように設定して、更新が遅れないようにすることが重要である。修正プログラムが準備される前、もしくは開発者が脆弱性に気づく前に脆弱性を衝く攻撃は**ゼロデイ攻撃**と呼ばれる。ゼロデイ攻撃は対策が難しく厄介な攻撃である。

（3）セキュリティソフトウェア

　セキュリティソフトウェアはいくつかの機能をもっている。まず、挙げられるのが、マルウェアを検出、除去する機能である。マルウェア対策ソフトウェアの代表的な方法は、**パターンファイル**と呼ばれるマルウェアを定義したデータを使用して、マルウェアを発見して除去する方法である。

　パターンファイルにない新種のマルウェアにはそのままでは対応できないので、新種のマルウェアが出現するたびにパターンファイルを更新する必要がある。また、既存のマルウェアと非常に類似したマルウェアでもパターンファイルのデータと一致しない場合は、そのままでは対応できない。2010年代以降、特定の組織を対象に攻撃する**標的型攻撃**が増えている。標的型攻撃では、既存のマルウェアに変更を加えたものを使用することが多く、そのような攻撃にパターンファイルを用いた方法では対処できない。

　パターンファイルにないマルウェアに対応するには、ソフトウェアの振る舞いを分析し、不正な振る舞いであれば処置を行うようにすること

が考えられる。この方法は新種のマルウェア、ゼロデイ攻撃、標的型攻撃にも対応が可能であるが、検証や判定は必ずしも完全ではない。

　セキュリティソフトウェアには、マルウェアの対策以外にも、迷惑メールを分離するフィルタ機能、有害なWebサイト接続への警告機能、バックアップと復元機能、コンピュータの動作状況の監視機能、ファイアウォール機能等、さまざまな機能がある。

（4）ファイアウォール、IDS/IPS

　ファイアウォールは、組織内部のネットワークと外部のネットワークの境界に設置され、外部のネットワークと内部のネットワークの間での通信を管理することで不正を防ぐしくみである。パケットのヘッダ情報を基にあらかじめ許可された通信だけを通す、内部の機器のIPアドレスを内部だけで通用するプライベートアドレスにして外部から見えないようにする、内部の機器が外部に接続するときには中継器を通す等の処理により内部の機器を脅威から守る。

　外部からの不正なアクセスを検知するIDS（Intrusion Detection System）、不正なアクセスを切断するIPS（Intrusion Prevention System）は、パケットの内容を分析したり、内部のコンピュータの動作を分析したりすることによって、不正なアクセスの検知・切断を行う。

　ファイアウォールとIDS/IPSはネットワークの境界を管理することで不正なアクセスを防ぐしくみであるが、コンピュータやネットワークの使用形態の変化により、内部と外部の境界が曖昧になっている。その背景として、データの保存やプログラムの実行を自組織の所有するコンピュータでではなく、外部組織が提供するサービスをネットワーク経由で利用するクラウドコンピューティングが普及したことが挙げられる。

また、テレワークで会社の端末を外部に持ち出して社内のネットワークに接続したり、個人の端末を社内のネットワークに接続したりする使用形態も増えている。

　内部と外部の境界が曖昧になると、境界の管理で情報セキュリティを確保することは難しくなる。そこで、すべての端末や通信は安全であるとは信頼できないことを前提に管理を行う**ゼロトラストネットワーク**という考え方が広がりつつある。

（5）暗号技術
共通鍵暗号方式

　個人や組織が情報セキュリティ対策をどれだけ行っても、不正な行為や誤りによる情報の盗聴や漏洩の可能性は否定できない。特に、ネットワークを介して情報の送受信を行う場合、送受信者の管理が及ばない部分が出てくるので、情報が漏れることを前提に対策を行うべきである。情報が漏れても読めないように情報を変換する暗号化は有効な対策である。

　暗号の歴史は古く、古代ローマ時代のジュリアス・シーザーが用いたシーザー暗号が広く知られている。シーザー暗号は、文字をアルファベット順に特定の文字数分だけずらすことにより暗号文を生成する。たとえば、THE OPEN UNIVERSITY OF JAPANの文字をアルファベット3文字分後ろにずらして、WKH RSHQ XQLYHUVLWB RI MDSDNという暗号文を生成する。ただし、Zの次はAに戻るとして、空白はそのままとする。

　暗号を生成することを**暗号化**といい、暗号を元に戻すことを**復号**という。また、暗号化されたデータを**暗号文**、元のデータを**平文**という。平文THE OPEN UNIVERSITY OF JAPANを暗号化すると暗号文WKH

RSHQ XQLYHUVLWB RI MDSDQが得られ、暗号文WKH RSHQ
XQLYHUVLWB RI MDSDQを復号すると、平文THE OPEN
UNIVERSITY OF JAPANが得られるということになる。

　シーザー暗号における暗号化および復号は、設定された文字数分だけ
文字をずらすことであった。シーザー暗号におけるずらす文字数のよう
な暗号化および復号のパラメタを鍵という。シーザー暗号のように、暗
号化のための鍵と復号のための鍵が同一の暗号方式を**共通鍵暗号方式**と
いう。

　一般に暗号においては、コンピュータを使っても総当たりで調べ切れ
ない鍵の候補があること、暗号文が平文の特徴を残さないことが重要で
ある。たとえば、英文であれば、アルファベットのうちEが使用される
頻度が高かったり、空白の間に1文字しかなければ、AやIである可能
性が高い。シーザー暗号は文字をずらすだけなので、出現するアルファ
ベットの統計情報を利用すれば解読されてしまう。

　共通鍵暗号方式では、送信者と受信者での鍵の共有が問題になる。一
方が生成した鍵を他方にネットワークを介して送る場合、盗聴により鍵
を奪われる可能性がある。鍵を郵送や手渡しで共有するのは時間と手間
がかかるので、現実的な手段にならない場合が多い。

公開鍵暗号方式

　共通鍵暗号方式において問題になった鍵の安全な共有を簡単に実現し
たのが**公開鍵暗号方式**である。公開鍵暗号方式においてはペアになる鍵
が生成される。一方の鍵で暗号化した暗号文はもう一方の鍵で復号でき
るが、暗号化した鍵でその暗号文を復号することはできない。また、一
方の鍵からもう一方の鍵を生成したり推測したりすることもできない。

　たとえば、Aさんが鍵のペアを生成したとする。そのうち一方は**秘密**

鍵として他者に漏れないように厳重に保管する。もう一方の鍵は**公開鍵**として、通信相手に渡す。この時に公開鍵が盗聴されてもかまわない。

　Aさんの公開鍵を受け取ったBさんが、Aさんにデータを送るとき、BさんはAさんの公開鍵でメッセージを暗号化してAさんに送る。Aさんは自分の秘密鍵で暗号文を復号する（図7-1）。暗号文はAさんの公開鍵では復号できないので、仮にAさんの公開鍵と暗号文が盗聴されても、その暗号文は復号できない。

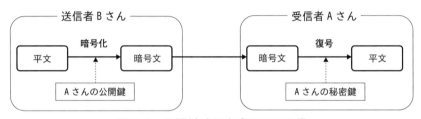

図7-1　公開鍵暗号方式による通信

　公開鍵暗号方式では鍵の安全な共有が簡単に実現できる。また、N人で互いにデータを送受信する場合、各人は自分の秘密鍵のみを厳重に管理すればよい。一方、共通鍵暗号方式では、各人が$N-1$個の鍵を厳重に管理する必要がある。

　以上のことから分かるように、公開鍵暗号方式は極めて優れたしくみであるが、暗号化・復号の処理に時間がかかるという問題がある。データが大きくなるほど暗号化・復号の処理時間は長くなるので、大きなデータを送る場合には、共通鍵暗号方式のための共通鍵を公開鍵暗号方式で暗号化して送ることにより、共通鍵を安全に共有する。そのうえで、共通鍵暗号方式でデータを送る。共通鍵のデータサイズは小さいので公開鍵暗号方式でも、高速に暗号化・復号ができる。共通鍵が安全に

共有されれば、暗号化、復号の処理時間が短い共通鍵暗号方式で安全かつ高速にデータを送ることができる。

電子署名

　公開鍵暗号方式は**電子署名**にも利用される。電子署名は、署名が本人により行われたこと、メッセージに改ざんがないことを証明するために用いられる。単純に考えると、電子署名を用いないでも、メッセージの作成者が自分の秘密鍵でメッセージを暗号化して送信し、受信者がメッセージの作成者の公開鍵で復号すれば、メッセージが本人により作成され、改ざんがないことが証明できそうなものである。

　しかし、メッセージのサイズが大きい場合は暗号化・復号の処理に時間がかかる。そこで、**ハッシュ関数**を利用してメッセージを圧縮する。ハッシュ関数とは、入力データを固定長のビット列に変換する関数で、出力値を**ハッシュ値**という。ハッシュ関数は、元のデータの一部を変更するとハッシュ値が大きく変化するという性質をもつため、ハッシュ値から元のデータを推測できない。メッセージのサイズが大きい場合には、ハッシュ関数によりデータサイズを小さくすることができる（ただし、元のメッセージを復元することはできない）。

　電子署名は次の手順で行われる（図7-2）。送信者であるＡさんは、ハッシュ関数を用いてメッセージからハッシュ値を生成する。Ａさんは自分の秘密鍵でハッシュ値を暗号化する。暗号化されたハッシュ値が署名になる。秘密鍵で暗号化されたことから、この署名を作成できるのはＡさんしかいないことになる。署名と元のメッセージを受信者であるＢさんに送る。

　メッセージと署名を受け取ったＢさんは、ハッシュ関数でメッセージからハッシュ値を生成する。そして、署名をＡさんの公開鍵で復号し

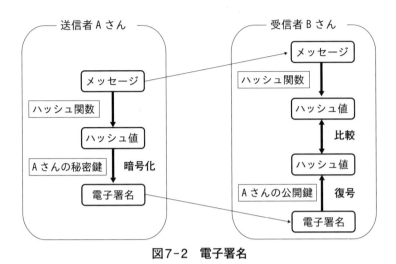

図7-2　電子署名

てハッシュ値を得る。これら2つのハッシュ値が一致すれば、メッセージに改ざんがなく、署名がAさんにより行われたことの証明になる。

公開鍵認証基盤（PKI）

　公開鍵暗号方式は優れた暗号方式ではあるが、万全というわけではない。盗聴者XがAさんになりすまし、自らの公開鍵をAさんの公開鍵と偽って配布したとする。偽のAさんの公開鍵を受け取ったBさんが、Aさんに公開鍵暗号方式でメッセージを送ると、実際にはXの公開鍵で暗号化されていることから、Xは盗聴した暗号文を自らの秘密鍵で復号することができてしまう。

　なりすましを防ぐしくみとして、公開鍵基盤（Public Key Infrastructure；PKI）と呼ばれるしくみがある。公開鍵が本物である証明を受けたいユーザAさんは、信用できる第三者機関である認証局であるCに、安全な方法でAさんの公開鍵やAさんの名前やメールアドレス等の登録者情報を送る。Cは

Aさんの証明書を発行する。証明書は、証明書番号、Aさんの公開鍵、Aさんの登録者情報、暗号方式、有効期限、Cの秘密鍵で署名した電子署名等から構成される。

たとえば、AさんがBさんからデータを受け取ることを考える（図7-3）。Aさんは認証局Cから受けた自分の証明書をBさんに送る。Bさんは、Cの公開鍵で証明書の電子署名を検証し、正当な証明書であることを確認した後、証明書からAさんの公開鍵を取り出してデータを暗号化し、Aさんに送る。

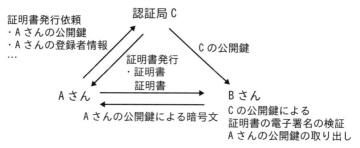

図7-3　PKIを利用した暗号通信

PKIの代表的な使用例は、HTTPSを使ってのWebサイトへの接続であろう。HTTPSを使ってWebサイトへ接続するには、WebサーバとWebブラウザは証明書の交換を行い相手の証明書を検証する。HTTPSによる接続時には、Webブラウザに鍵マークが表示され、鍵マークをクリックすると証明書を確認することができる。

4. まとめ

本章では情報セキュリティに関連する技術を概観した。情報通信技術は急激に発展しており、数年前に通用していたことが現在では通用しな

いということは多々ある。情報セキュリティに関連する問題や対策の動向には日頃より注意すべきである。

参考文献

[1] 中村行宏他『イラスト図解満載情報セキュリティの基礎知識』技術評論社, (2017).
[2] 山田恒夫・辰己丈夫『情報セキュリティと情報倫理』放送大学教育振興会, (2018).
　情報セキュリティに関して多角的に解説している。暗号の具体的な構成法についても説明している。

演習問題

7.1 盗聴・漏洩、破壊、なりすまし、DoS攻撃、踏み台は、それぞれ情報の機密性、完全性、可用性のうちのどれを（直接的に）侵害する脅威であるか答えよ。

7.2 公開鍵暗号方式での暗号通信においては、送信者が自分の秘密鍵で暗号化するのが不適切であることの理由と、電子署名においては、送信者が自分の秘密鍵でハッシュ値を暗号化するのが適切な理由を述べよ。

8 | 情報社会と法律

児玉 晴男

《**学習の目標**》 情報社会における法律は、情報・メディア法が対象となる。
情報・メディア法は、必ずしも確立した体系にはなっていないが、知的財産
法を含む。知的財産法は、ほぼ体系化され、著作権法を含む。ただし、著作
権法は、3つの法律の関係から理解する必要がある。本章は、情報・メディ
ア法システムと知的財産法システムおよび著作権法システムを概観する。
《**キーワード**》 IT基本法、知的財産基本法、コンテンツ基本法、知る権利、
プライバシー権、知的財産権、著作権と関連権

1. 情報社会における法システム

　情報社会の中で対応しなければならない法律の対象は、第6章でも触
れてきた情報・メディア法または情報法と呼ばれる法システムになろ
う。情報を合理的に利活用するうえで、各法律がどのように体系化さ
れ、どのような内容になっているかを相互の関係も含め知っておくこと
は有益である。

　情報社会の法律が対象とするものは、サイバー空間（仮想空間）と
フィジカル空間（現実空間）との関わりの法現象になる。本章は、情報
社会における情報・メディア法システム、知的財産法システム、著作権
法システムのしくみと、それらに含まれる各法の内容を相互の関係も含
めて見ていくことにする。情報・メディア法システムは「**高度情報通信
ネットワーク社会形成基本法（IT基本法）**」とサイバーセキュリティ基

本法および官民データ活用推進基本法との関係で、知的財産法システム
は**知的財産基本法**との関係から、そして著作権法システムは「コンテン
ツの創造、保護及び活用の促進に関する法律（コンテンツ基本法）」と
の関係から、情報社会の法律を概観する。

2. 情報社会とIT基本法・サイバーセキュリティ基本法・官民デー
タ活用推進基本法

　高度情報通信ネットワーク社会の形成に関する施策を迅速かつ重点的
に推進することを目的に、**IT基本法**が施行されている。本法は、情報
通信技術の活用により世界的規模で生じている急激かつ大幅な社会経済
構造の変化に適確に対応することの緊要性に考慮した対応である。**高度
情報通信ネットワーク社会**（IT社会）とは、インターネットなどを通
じて自由かつ安全に多様な情報または知識を世界的規模で入手し、共有
し、または発信することにより、あらゆる分野における創造的かつ活力
ある発展が可能となる社会をいう。

　そして、IT基本法と相まって、サイバーセキュリティに関する施策
を総合的かつ効果的に推進し、経済社会の活力の向上および持続的発展
ならびに国民が安全で安心して暮らせる社会の実現を図るための**サイ
バーセキュリティ基本法**が施行される。**サイバーセキュリティ**とは、電
磁的方式により記録、発信、伝送、また受信される情報の漏洩、滅失ま
たは毀損の防止その他の情報の安全管理のために必要な措置ならびに情
報システムおよび情報通信ネットワークの安全性および信頼性の確保の
ために必要な措置が講じられ、その状態が適切に維持管理されているこ
とをいう。

　また、官民データの適正かつ効果的な活用（官民データ活用）の推進
に関する施策を総合的かつ効果的に推進する**官民データ活用推進基本法**

が施行されている。**官民データ**とは、電磁的記録に記録された情報であって、国、地方公共団体または独立行政法人等により、その事務または事業の遂行に当たり、管理、利用、提供されるものをいう。

（1）情報公開法と個人情報保護法

　情報通信技術の発達・普及は、情報の公開に対する社会的な要求を生じさせ、他方でプライバシーの保護を求めることになる。その相反する調整は、知る権利とプライバシー権とを均衡するものになる。それは、情報公開法と個人情報保護法によってなされることによる。

①情報公開法

　情報公開法は、「行政機関の保有する情報の公開に関する法律（**行政機関情報公開法**）」、「独立行政法人等の保有する情報の公開に関する法律（**独立行政法人等情報公開法**）」等からなる。情報公開法は、日本国憲法に明記されてはいないものの知る権利との関係で、国などの公の機関（すべての行政機関）が自らの業務上の情報（記録等）を広く一般に開示することを目的とする。情報公開制度は、行政機関である国、独立行政法人、地方公共団体の**説明責任**（アカウンタビリティ accountability）として、情報公開を行うものである。行政機関情報公開法と独立行政法人等情報公開法は、それぞれ**行政文書**または**法人文書**の開示を請求する権利を定めること等により、行政機関または独立行政法人等の保有する情報の一層の公開を図ることを目的としている。

　情報公開の対象となる文書は、行政機関または独立行政法人等の職員が職務上作成・取得した文書、図画および電磁的記録であって、組織的に用いるものとして行政機関または独立行政法人等が保有しているものになる。何人も開示請求が可能であり、開示請求があった場合は、**不開**

示情報を除いて、原則として開示されなければならない。不開示情報とは、個人情報、法人情報、国家安全情報、治安維持情報、審議・検討情報、行政運営情報になる。

　開示請求に係る行政文書または法人文書の一部に不開示情報が記録されている場合において、不開示情報が記録されている部分を容易に区分して除くことができるときは、その部分を除いた部分は、開示されなければならない。そして、個人情報が記録されている場合において、その情報のうち、氏名、生年月日その他の特定の個人を識別することができることとなる記述等の部分を除くことにより、公にしても、個人の権利利益が害されるおそれがないと認められるときは、その部分を除いた部分は、個人情報に含まれないものとみなして、開示しなければならない。さらに、開示請求に係る行政文書または法人文書に不開示情報が記録されている場合であっても、公益上、特に必要があると認めるときは、開示請求者に対し、その行政文書または法人文書を開示することができる。

②個人情報保護法

　プライバシーの保護の具体的なものとしては、OECDプライバシー8原則がある。**OECDプライバシー8原則**とは、(1)収集制限の原則、(2)データの正確性の原則、(3)目的明確化の原則、(4)利用制限の原則、(5)安全保護の原則、(6)公開の原則、(7)個人参加の原則、(8)責任の原則になる。この8原則は、個人情報保護法の原則として取り入れられている。

　個人情報保護法は、情報公開制度における不開示情報である個人情報に関して、「個人情報の保護に関する法律（**個人情報保護法**）」の民間部門、国に関する「行政機関の保有する個人情報の保護に関する法律（**行政機関個人情報保護法**）」、実質的に政府の一部をなす法人としての「独

立行政法人等の保有する個人情報の保護に関する法律（**独立行政法人個人情報保護法**）」等により部門別からなる。ここで、個人情報保護法は、個人情報の有用性に配慮しつつ、個人の権利利益を保護することを目的とする。

個人情報は、個人に関する情報全般を意味する。それは、個人の属性、人格や私生活に関する情報に限らず、個人の知的創造物に関する情報、組織体の構成員としての個人の活動に関する情報、さらに映像や音声も個人情報を含む。ビッグデータのパーソナルデータについては、本人の同意を必要としない匿名加工情報として活用がはかられている。**匿名加工情報**とは、特定の個人を識別することができないように個人情報を加工して得られる個人に関する情報であって、個人情報を復元することができないようにしたものをいう。なお、パーソナルデータが匿名加工情報として活用されるのに対し、あらかじめ本人の同意を得ないで取得することができないものとして、要配慮個人情報がある。**要配慮個人情報**とは、本人の人種、信条、社会的身分、病歴、犯罪の経歴、犯罪により害を被った事実その他本人に対する不当な差別、偏見その他の不利益が生じないようにその取扱いに特に配慮を要する個人情報をいう。個人情報は、プライバシー権という人格的価値だけでなく、サイバー空間における顧客情報の漏えいにみられるように、経済的価値の面でも捉えうる。

なお、個人データを取り巻く国際的なかかわりからは、EUの**一般データ保護規則**（General Data Protection Regulation：**GDPR**）の我が国の個人情報保護法への影響がある。GDPRの基本原則は、個人データの取扱いと関連する基本原則（個人データの適法性、公正性及び透明性、目的の限定、データの最小化、正確性、記録保存の制限、完全性及び機密性、そして管理者のアカウンタビリティ）である。GDPRの適用

範囲をEU以外へ広げて適用（域外適用）されることから、GDPRに適合するように、我が国の個人情報保護法の改正がなされている。

（2）プロバイダ責任制限法と不正アクセス禁止法

　サイバー空間において、種々の情報が流通・利用される中で、迷惑メールや大量のメールの受信によるシステム障害に至るケースがある。そして、コンピュータウイルスやファイル共有ソフトによる個人情報、企業秘密、国家機密情報などが不正アクセス等による情報の漏洩の問題が生じうる。

①プロバイダ責任制限法

　ビッグデータやオープンコンテンツの中には、自由に使用できる情報だけでなく、個人情報や著作物が含まれていることがある。「特定電気通信役務提供者の損害賠償責任の制限及び発信者情報の開示に関する法律（**プロバイダ責任制限法**）」は、情報の流通においてプライバシー権や著作権の侵害があったときに、プロバイダが負う損害賠償責任の範囲や、情報発信者の情報の開示を請求する権利を規定する。**発信者情報**は、発信者のプライバシー、表現の自由、通信の秘密に関わりをもち、電子掲示板に書き込みをした者の個人情報である。発信者情報は、氏名、住所その他の侵害情報（他人を誹謗中傷する情報）の発信者の特定に資する情報でもある。フィジカル空間においては相対する発信者の権利と発信者による情報に含まれる他者の権利が、サイバー空間においては、プロバイダに責任が課されることになる。

②不正アクセス禁止法

　サイバー空間で利用しうるコンテンツは、セキュリティの保護と関係

する。「不正アクセス行為の禁止等に関する法律（**不正アクセス禁止法**）」は、IT社会の健全な発展に寄与することを目的とし、そのために、**不正アクセス行為**を禁止するとともに、これについての罰則およびその再発防止のための援助措置等を定める。本法は、インターネット等を通じて行われるコンピュータに係る犯罪の防止およびアクセス制御機能により実現される情報ネットワークに関する秩序の維持を図り、もってIT社会の健全な発展に寄与することを目的としている。

3. 情報社会と知的財産基本法

　知的財産基本法は、知的財産の創造、保護および活用に関する施策を集中的かつ計画的に推進することを目的とする。知的財産と知的財産権は、**知的財産基本法**で定義されている。そして、それらは、知的財産権法の個別法で規定される。

（1）産業財産権法

　産業財産権法は、特許法、実用新案法、意匠法、そして商標法からなる。**特許法**は、発明の保護および利用を図ることにより、発明を奨励し、もって産業の発達に寄与することを目的とする。**実用新案法**は、物品の形状、構造または組合せにかかる考案の保護および利用を図ることにより、その考案を奨励し、もって産業の発達に寄与することを目的とする。**意匠法**は、意匠の保護および利用を図ることにより、意匠の創作を奨励し、もって産業の発達に寄与することを目的とする。そして、**商標法**は、商標を保護することにより、商標の使用をする者の業務上の信用の維持を図り、もって産業の発達に寄与し、あわせて需要者の利益を保護することを目的とする。

　知的財産が**発明**であるとき、その知的財産権は**特許権**になり、特許法

で保護される。ソフトウェアは、物としての発明となり、システム特
許、ビジネスモデル方法特許は、装置、システム、方法に関する発明と
なることがある。知的財産が**考案**であるとき、その知的財産権は**実用新
案権**になり、実用新案法で保護される。そして、知的財産が**意匠**である
とき、その知的財産権は**意匠権**になり、意匠法で保護される。ゲーム機
の制御や設定を行う操作のための画面は、保護の対象となる。また、知
的財産が**商標、商号**その他事業活動に用いられる商品または役務（サー
ビス）を表示するものであるとき、その知的財産権は**商標権**となり、商
標法で保護される。

（2）コンテンツ基本法

　知的財産基本法の基本理念により立法化された法律が**コンテンツ基本
法**である。本法は、コンテンツの創造、保護および活用の促進に関する
施策を総合的かつ効果的に推進し、国民生活の向上および国民経済の健
全な発展に寄与することを目的とする。

　コンテンツ基本法の定義によるコンテンツは、2類型になる。第一は、
「映画、音楽、演劇、文芸、写真、漫画、アニメーション、コンピュー
タゲームその他の文字、図形、色彩、音声、動作若しくは映像若しくは
これらを組み合わせたもの」をいう。第二は、「電子計算機を介して提
供するためのプログラム」である。コンテンツは、人間の創造的活動に
より生み出されるもののうち、教養または娯楽の範囲に属する。

　コンテンツ制作等は、**コンテンツの制作**、コンテンツの複製、上映、
公演、公衆送信その他の利用注、そしてコンテンツにかかる知的財産権
（知的財産基本法2条2項）の管理になる。**知的財産権の管理**とは、コン
テンツがおおむね著作物であるとすると、著作権の管理といえる。コン
テンツ事業はコンテンツ制作等を業として行うことをいい、**コンテンツ**

124

事業者とはコンテンツ事業を主たる事業として行う者をいう。コンテンツ事業者は、国内外におけるコンテンツにかかる知的財産権の侵害に関する情報の収集その他のその有するコンテンツの適切な管理のために必要な措置を講ずるよう努めることになる。

（3）不正競争防止法

　営業秘密は、秘密として管理されている生産方法、販売方法その他の事業活動に有用な技術上または営業上の情報であって、公然と知られてないものをいう。営業秘密は、不正競争防止法で保護される。不正競争防止法は、不正競争の防止および不正競争に係る損害賠償に関する措置等を講じて、国民経済の健全な発展に寄与することを目的とする。情報社会の関連では、営業秘密に係る一連の不正行為、技術的制限手段に対する不正行為、ドメイン名に係る不正行為の規定が関係する。

　営業秘密を不正な方法で取得したり、第三者に開示したり、利用したりする営業秘密に係る一連の不正行為を禁止する規定が置かれている。営業秘密は、秘密として管理されていること（秘密管理性）、事業活動に有用な技術上または営業上の情報であること（有用性）、公然と知られていないこと（非公知性）の3つの要件が必要になる。

　そして、情報の流通の健全性のために、技術的制限手段に対する不正行為を禁止する規定がある。技術的制限手段に対する不正行為は、コンテンツのコピーコントロール技術、アクセスコントロール技術を無効にすることを目的とする機器やプログラムを提供する行為をいう。

　また、ドメイン名は、サイバー空間でコンテンツを表示するうえで不可欠な番地になるが、産業財産権法や著作権法で保護される対象にはならない。そこで、不正競争防止法で、ドメイン名に係る不正行為を禁止することが規定されることになる。ドメイン名にかかる不正行為は、不

正の利益を得る目的または他人に損害を加える目的で、他人の特定商品
等表示と同一または類似のドメイン名を使用する権利を取得・保有し、
またはそのドメイン名を使用する行為をいう。

4. 情報社会とコンテンツ基本法

　知的財産基本法とコンテンツ基本法における著作物が著作権という理
解は、著作権法システムにおいて十分ではない。著作権法システムを見
通すためには、コンテンツ基本法と著作権法、さらに著作権法と著作権
等管理事業法とを比較対照し、総合することが必要となる。

（1）著作権法

　著作権法は、著作物と著作物を伝達する行為に関し著作者の権利とそ
れに隣接する権利（著作権と関連権）を定め、これらの文化的所産の公
正な利用に留意しつつ、著作者等の権利の保護を図り、もって文化の発
展に寄与することを目的とする。**著作物**は、思想または感情を創作的に
表現したものであり、文芸、学術、美術または音楽の範囲に属するもの
である。具体的には、言語の著作物・音楽の著作物・舞踊または無言劇
の著作物・美術の著作物・建築の著作物・図形の著作物・映画の著作
物・写真の著作物・プログラムの著作物、二次的著作物、編集著作物、
データベースの著作物がある。

　著作物を伝達する行為は、実演、レコード、放送、有線放送である。
実演とは、著作物を、演劇的に演じ、舞い、演奏し、歌い、口演し、朗
詠し、またはその他の方法により演ずること等をいう。**レコード**とは、
蓄音機用音盤、録音テープその他の物に音を固定したものである。**公衆
送信**とは、公衆によって直接受信されることを目的として無線通信また
は有線電気通信の送信を行うことになる。そして、**放送**とは、公衆送信

のうち、公衆によって同一の内容の送信が同時に受信されることを目的として行う無線通信の送信をいう。**有線放送**とは、公衆送信のうち、公衆によって同一の内容の送信が同時に受信されることをいう。また、公衆送信のうち、公衆からの求めに応じ自動的に行うものは、**自動公衆送信**といい、自動公衆送信し得るようにすることを**送信可能化**という。

著作者は、著作物に対する著作者の人格的権利である**著作者人格権**と著作者の経済的権利である**著作権**を創作時に原始取得する。著作物を伝達する行為を行う者（実演家、レコード製作者、放送事業者（有線放送事業者）の著作隣接権者）は、実演、音の固定、放送（有線放送）したときに**著作隣接権**を取得する。ただし、実演家は、著作隣接権とともに**実演家人格権**を有する。

なお、著作者が著作権を譲渡し、また著作隣接権者が著作隣接権を譲渡した場合でも、著作者人格権と実演家人格権は譲渡や相続ができない一身専属的な権利である。

（2）著作権等管理事業法

著作権等管理事業法は、著作権と著作隣接権の管理を委託する者を保護するとともに、**著作物、実演、レコード、放送**と**有線放送**の利用を円滑にし、もって文化の発展に寄与することを目的とする。本法は、著作権と著作隣接権を管理する事業を行う者について登録制度を実施し、管理委託契約約款と使用料規程の届出と公示を義務付ける等、その業務の適正な運営を確保するための措置を講ずることを求めている。

著作権等管理の対象は、著作権法と同様に著作物と著作物を伝達する行為になり、著作物、実演、レコード、放送と有線放送である。著作権等管理の著作権等とは、**著作権**と**著作隣接権**である。それらは、著作権法の権利管理が対象とする著作物と著作物を伝達する行為における経済

的権利をさす。著作権等管理事業者が管理できる権利は、経済的権利である著作権、著作隣接権であり、著作者人格権と実演家人格権は対象外である。

5. まとめ

情報は、情報・メディア法システムでは知る権利やプライバシー権と関わり、知的財産法システムでは知的財産権（産業財産権、著作権、営業秘密）となり、著作権法システムでは著作権と関連権になる。それら法システムに関係する情報の構造、権利の構造、保護期間は、それぞれ異なっている。サイバー空間とフィジカル世界との関わりの中では、情報の性質とその権利の関係が合従連衡して多様に現れてくる。情報社会の法律は、情報技術・情報通信技術と社会との関わりの中で、情報の円滑な流通と利用の促進および情報セキュリティの確保とプライバシーの保護との関わりから、著作権・知的財産権および知る権利とプライバシー権に関する総合的な法システムからなっている。

参考文献

[1] 児玉晴男『情報・メディアと法』放送大学教育振興会，(2018).
[2] 児玉晴男『知財制度論』放送大学教育振興会，(2020).
[3] 斉藤博『著作権法概論』勁草書房，(2014).

演習問題

8.1 IT基本法とサイバーセキュリティ基本法および官民データ活用推進基本法との関係について調べてみよう。

8.2 知的財産基本法とコンテンツ基本法との関係について調べてみよう。

8.3 著作権法とコンテンツ基本法および著作権等管理事業法の違いを調べてみよう。

9 ┃ プログラミング（1）

大西 仁

《目標＆ポイント》　コンピュータにおけるプログラムの働き、プログラムを作成するためのプログラミング言語や言語処理系、プログラミングを支援する観点からのOSの働きについて説明する。
《キーワード》　プログラム、プログラミング言語、言語処理系、OS、抽象化

コンピュータのソフトウェアには、Webブラウザ、ワードプロセッサ、画像処理ソフトウェアなどさまざまな種類のものがある。ソフトウェアの種類が異なれば、その目的や機能も異なるが、これらのものすべてをひっくるめてソフトウェアの働きを一言で表すなら、「CPUに動作の命令を送る」ことである。コンピュータが行うべき処理を順序立てて記述したものをコンピュータプログラム（以降、単に**プログラム**という）といい、プログラムを作成することを**プログラミング**という[1]。

---

1)　プログラムとソフトウェアは同じ意味で用いられる場合もあるが、文脈により多少異なる。たとえば、ソフトウェアは物理的実体をもつハードウェアの対比的な概念であるが、この意味が強調されると、プログラムだけでなくデータもソフトウェアとなる。一方、ソフトウェアはWebブラウザのようにそれ自体で完全に機能する完成品で、プログラムはソフトウェアを構成する個々の部品と使い分けられることもある。

1. コンピュータの動作とプログラム

（1）コンピュータの構成

　第3章で説明したように、コンピュータ本体の基本要素として、中央演算装置（CPU）、主記憶装置（メモリ）、**入出力制御装置（I/O）** が挙げられる。キーボード、マウス、ディスプレイ等の入出力装置、ハードディスク、SSD、USBメモリ等の補助記憶装置は周辺機器であり、I/Oを介して接続される。これらの周辺機器はデバイスとも呼ばれる。

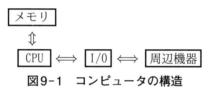

図9-1　コンピュータの構造

　図9-1にコンピュータの構造を示す。コンピュータの構成要素についてプログラミングの観点から簡単に説明する。

CPU

　CPUはメモリ上にあるプログラムを読み取り、それに従って演算、I/Oへの命令、メモリとの間でのデータの入出力といった処理を行う。詳細は**（2）** で述べる。

メモリ

　メモリはCPUに接続されており、情報処理に必要なデータやプログラムを読み書きして一時的に保存（記憶）する。メモリ内部は、たとえば、8ビット＝1バイトごとに番号がつけられて管理される。この番号

のことを番地あるいは**アドレス**という（図9-2）。CPUからアドレスを
指定することにより、そのアドレスが指す場所に書き込まれているデー
タを読み取ったり、その場所にデータを書き込んだりする。

図9-2　メモリとアドレスのイメージ

I/O

　I/OはCPUと周辺機器を接続し、データを入出力するためのインタ
フェースである。キーボード、マウス、ディスプレイ、USBメモリ等
のPC筐体外部の装置だけでなく、内蔵のハードディスクやSSD、ネッ
トワーク・インタフェース、スピーカ等のPC筐体内部の装置もI/Oを
介して接続されている。ディスプレイに文字を表示したり、USBメモ
リにデータを書き込んだりするには、CPUからI/Oにそれらの命令に
相当する信号を送る。逆に、キーボードからの入力やマウスの動きが
あった時には、I/Oを介してCPUに信号が送られる。

（2）CPUの機能と機械語

　第3章では、CPUは論理回路からなり、論理回路を組み合わせること
により、四則演算等の情報処理を実現できることを説明した。プログラ
ムはCPUへの命令の系列である。CPUへの命令は電気信号により行わ
れる。入力電圧の低を0、高を1、すなわちスイッチ素子の入力Offを0、

Onを1と表現すると、プログラムは0と1からなる二進数の系列で表現することができる。通常は、二進数より短い記述で済む十六進数でプログラムは記述する。二進数ないしは十六進数で記述されたプログラムは、電気信号に直接対応する。このように、CPUが直接実行できるプログラムないしは単独の命令を**機械語**という。前者は機械語プログラムと呼ぶこともある。CPUは以下の機能、すなわち機械語の命令をもっている。

データの入出力

　本節で説明したように、CPUはメモリとI/Oに接続されている。CPUはメモリやI/O、そしてCPU内でデータの入出力を行う。CPUにはレジスタと呼ばれる記憶装置が複数あり、入出力にはレジスタが用いられる[2]。

　CPUはメモリからプログラムを読み取って実行する。ハードディスクやSSDに記憶されているプログラムは実行時にメモリに転送され、メモリからCPUに読み取られて実行される。また、メモリからデータを読み取ったり、メモリに書き込んだりもする。

　また、CPUは周辺機器からのデータの読み取りや周辺機器の制御を、I/Oを介して行う。I/Oに対して、特定の電気信号の系列を送信することにより、対応する周辺機器が動作する。たとえば、ディスプレイに文字を表示する、ハードディスクにデータを書き込む、ネットワーク・インタフェースを介してデータを送信するといったことは、すべてI/Oを介して行われる。

　一方、キーボードからの入力、マウスの移動、ネットワークからのデータの受信といった周辺機器からの入力があると、I/Oを介してCPUに電気信号が伝えられる。周辺機器からの入力には即時に対応したり、

---

2)　レジスタは論理回路と遅延要素を組み合わせた順序回路により実現される。

取得漏れが許されないことが多いので、I/Oから信号が届くとCPUは他の処理を中断して、入力に対する処理を行う。この動作のことを**割り込み**という。

簡単な演算

　第3章で、論理回路の組み合わせで加算、加算を利用して減算、乗算、除算を実現できることを説明した。CPUは、算術演算、論理和、論理積等の論理演算、ビット系列を左右にずらすシフト演算（図9-3）等の基本的な演算を行う機能をもっている。CPUには平均値や平方根を計算する機能すら備わっておらず、CPUの機能を組み合わせて作成、すなわちプログラミングする必要がある。

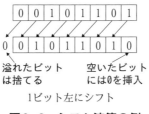

図9-3　シフト演算の例

簡単な条件判断とジャンプ

　CPUはメモリに書き込まれたプログラムを順番に読み取って実行する。しかし、繰り返し処理や条件により異なる処理を行うときには実行順序を変える必要がある。そのため、CPUには実行順序を変える機能がある。

　無条件ジャンプは、次に読み取るメモリのアドレスを変更する命令である。図9-4において、プログラムは命令1、命令2、命令3、…の順序

で実行されるが、無条件ジャンプ命令があるので、次に命令2が実行される。その後、命令3以降の命令が順次実行される。この例が示すように、無条件ジャンプは繰り返し処理を実現する際等に用いられる。

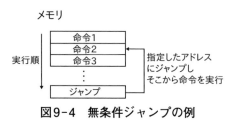

図9-4　無条件ジャンプの例

　条件付きジャンプ（**条件分岐**）は、特定の条件を満たしたとき、次に読み取るメモリのアドレスを変更する命令である。図9-5において、数値データが入力されているとする。プログラムは、その数値の正負を判断し、数値が非負の場合は、ジャンプしてその数値を（たとえばメモリに）出力する。入力された数値が負の場合は、条件を満たさないのでジャンプせずに、その数値の正負を反転して、次に正負反転された数値を出力する。すなわち、この部分では数値の絶対値を計算していることになる。

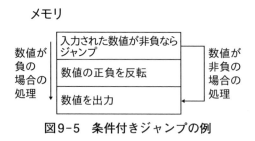

図9-5　条件付きジャンプの例

CPUの機能とプログラミング

　CPUの機能は前記ですべてである。CPUは少数の単純な処理を超高速で実行する機械なのである。ソフトウェアの多種多様な機能を考えれば、CPUの機能はあまりに少なく感じるかもしれないが、これらの機能を組み合わせる、すなわちプログラミングによりソフトウェアのすべての機能を実現できる[3]。

　しかし、少数の単純な機能を組み合わせて複雑な機能を実現するには膨大な組み合わせが必要である。また、二進数や十六進数の数値の列で記述される機械語は理解・記述が難しい。機械語の命令の数値列と1対1に対応し、より意味の分かりやすい英数字で表現した**アセンブリ言語**と呼ばれるプログラミング言語がある。アセンブリ言語で記述されたプログラムは、**アセンブラ**と呼ばれるプログラムで機械語に変換される。アセンブリ言語は機械語に比べてプログラムの意味が分かりやすいが、表現の変換に過ぎず、複雑な機能を実現するには命令の膨大な組み合わせが必要であることは改善されない。

2. プログラミング言語

（1）プログラミング言語

　機械語のプログラミングには大変な労力がかかる。人間に分かりやすく、複雑な機能を直接記述できるプログラミング言語でプログラムを記述し、それを機械語に変換することによりプログラミングが容易になる。このようなプログラミング言語は機械語やアセンブリ言語との比較で**高級（プログラミング）言語**、あるいは**高水準（プログラミング）言語**と呼ばれる。プログラミング言語の例として、C, C++, Java, Python,

---

3）　これは数学的に証明されている。コンピュータの能力を数学的に明らかにする学問は計算理論と呼ばれる。

Haskell, Prolog等が挙げられる。プログラミング言語の具体的な記述例は第10章で示す。

　プログラミング言語で記述されたプログラムは**ソースコード**と呼ばれる。ソースコードをコンピュータで実行させるために必要な処理を行うソフトウェアを言語処理系という。言語処理系には次のような方式がある。

（2）コンパイラ方式

　プログラムを実行する前にソースコード全体を一度に機械語に変換する。この変換のことを**コンパイル**、コンパイルを行うプログラムを**コンパイラ**という（図9-6）。

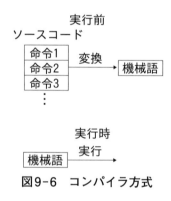

図9-6　コンパイラ方式

　コンパイラ方式では、実行前にCPUで直接実行できる機械語プログラムが得られているので、実行時にはソースコードやコンパイラは不要であり、一般的な傾向として実行速度が速い。さらに、コンパイラには、ソースコードを比較的大きな単位で分析して、実行速度が速い、実行時の使用メモリが小さい、あるいは消費電力が小さい機械語に変換す

る最適化機能をもつものも多い。

　機械語プログラムは異なる種類のCPUでは実行できない。一般には、ソースコードはCPUの種類に依存しない部分と依存する部分があり、ソフトウェアの種類にもよるが、CPUの種類に依存する部分がまったくない場合もある。CPUの種類に依存する部分のみ修正すれば、異なるCPUでもプログラムを実行することができる。ただし、ソースコードの修正の必要の有無にかかわらず、コンパイルし直す必要がある。コンパイル方式を採用しているプログラミング言語の代表例としては、C, C++が挙げられる。

(3) インタプリタ方式

　プログラムの実行時にソースコードを逐次解釈し実行する。ソースコードを解釈実行するプログラムをインタプリタという（図9-7）。インタプリタには、ソースコードを直接解釈して実行する方式をとるものと、ソースコードをより効率的な中間言語に変換してから解釈・実行する方式をとるものがある。

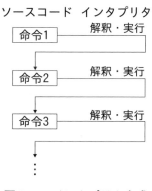

図9-7　インタプリタ方式

インタプリタ方式では、実行時にソースコードとインタプリタが必要であるが、インタプリタが動作するならばCPUの種類に依存せずにプログラムを実行できる。ソースコードを修正すれば、実行時にすぐに反映されるので、プログラムの修正結果を確認しながらプログラミングを進めるのに便利である。一方、インタプリタ方式では実行のたびに逐次解釈しながら実行するので、コンパイル方式に比べると実行速度や実行時の使用メモリの小ささという点で劣る傾向にある。インタプリタ方式を採用しているプログラミング言語の代表例としては、Java Script, Pythonが挙げられる。

（4） 中間言語方式

　プログラムを実行する前にソースコードをCPUに依存しない中間言語にコンパイルする。中間言語は仮想的なCPUの機械語プログラムである。実行時には、**仮想機械**というプログラムにより解釈、実行される。中間言語方式では、実行時に中間言語と仮想機械が必要である。

　二段階を経るのには次のような利点がある。まず、仮想機械が動作するならばCPUの種類に依存せずプログラムを実行できることである。これはインタプリタ方式と共通するが、インタプリタ方式より実行速度や実行時の使用メモリの小ささという点で優れている。また、仮想機械で使用できる機能を制限することにより、セキュリティの確保を図ることができる。

　一方、中間言語方式は、あらかじめ機械語に変換されているコンパイラ方式に比べると、実行速度に劣る傾向がある。実行速度を改善するために、実行時の最初に中間言語から機械語にコンパイルするJITコンパイラ、実行前に中間言語を機械語にコンパイルするAOTコンパイラというコンパイラも存在する。中間言語方式を採用しているプログラミン

グ言語の代表例としては、Javaが挙げられる。

　ここに挙げた3種類の言語処理系の方式は、それぞれ異なる特徴を
もっており、用途に応じて使い分けられている。

3. プログラミングとOS

（1）OSによるハードウェアの抽象化

　プログラミング言語でプログラムを作成して機械語に変換することに
より、機械語によるプログラミングよりはるかに小さい労力でプログラ
ミングが可能になる。しかし、プログラミングの労力を小さくしている
のはプログラミング言語だけではない。**オペレーティングシステム**
（**OS**）はプログラミングを支援するソフトウェアである。代表的なOS
として、Windows, macOS, Linux, Android, iOS等が挙げられる。OSと
いうとデスクトップやメニューといったユーザインタフェースを思い浮
かべるかもしれないが、ユーザインタフェースはOSの機能の一部に過
ぎない。

　OSはプログラムの実行やコンピュータの資源を管理し、ハードウェ
アの詳細や同時に実行される他のプログラムを意識せずプログラミング
することを可能にするソフトウェアである。一方、Webブラウザや文
書作成ソフトウェア等のユーザが特定の目的のために利用するソフト
ウェアはOS上で動作し、アプリケーションソフトウェアと呼ばれる[4]。
ハードウェアの詳細を隠し、基本的な機能のみを見せてプログラミング
を容易にすることを**抽象化**という。抽象化は以下のように行われて
いる。

---

[4]　略して、アプリと呼ばれることもある。

CPUの抽象化

　パーソナルコンピュータやスマートフォン等の多くのコンピュータでは複数のプログラムが同時に動いている。たとえば、Webブラウザでファイルをダウンロードしている間にワードプロセッサで文書を編集することができる。このように複数のプログラムを同時に実行する機能を**マルチタスク**という。

　実行中の個々のプログラム（タスク）はCPUを使用するが、OSは短い時間間隔で実行するプログラムを切り替えてCPUを使用させることにより、あたかも同時に複数のプログラムが実行されているようにすることで、マルチタスクを実現している。マルチタスク機能により、同時に実行される可能性のある他のプログラムを意識することなく、プログラミングを行うことができる。

メモリの抽象化

　マルチタスクにおいて、各プログラムが使用するメモリが競合しないようにする必要がある。また、第1節**（2）**で説明したように、プログラムは通常メモリの先頭から順に命令を実行していくので、使用可能なメモリが細切れになっていると都合が悪い。また、マルチタスクや扱うデータ量の増加により、メモリ量が不足する事態になりかねない。

　そこで、OSはメモリに物理的なアドレスとは別に仮想的なアドレスを割り当てて、メモリを管理する。細切れのメモリを連結して一つの連続した仮想メモリとしたり、ハードディスクやSSDといった補助記憶装置上にも仮想的なメモリを確保する。各プログラムは、OSを介してメモリにアクセスすることにより、物理的なメモリを管理する必要がなくなる。このようなメモリ管理の機能を**仮想メモリ**という。

補助記憶装置の抽象化

　補助記憶装置には、ハードディスク、SSD、DVD、USBメモリ、SD
カード等、さまざまな種類がある。これらの記録方式は装置により異な
るが、補助記憶装置に記憶されたデータやプログラムは記録方式にかか
かわらず、**ファイル**として統一的に扱えるように抽象化する。

　また、ファイルを階層的に分類するために使用される**ディレクトリ**も
抽象化による。なお、ディレクトリは**フォルダ**と呼ばれることもある。

その他周辺機器の抽象化

　キーボード、ディスプレイ、ネットワークインタフェース、プリンタ
等の周辺機器の操作はI/Oを通じて行われる。同じ機能の装置（e.g.
キーボード）でも機種が異なればI/Oへの命令は異なる。これをキー
ボードなら機種にかかわらずキーボード、プリンタなら機種にかかわら
ずプリンタとして統一的に扱えるように周辺機器を抽象化する。これら
の周辺機器の抽象化はOSに組み込まれている**デバイスドライバ**という
プログラムにより行われている。

（2）APIとライブラリ

　プログラミングにおいてOSの機能を利用するには、OSが提供する
アプリケーションプログラミングインタフェース（API）というプログ
ラムを利用する[5]。APIを利用することにより、ハードウェアの詳細や
同時に実行される他のプログラムを意識せずプログラミングすることが
できる。APIはOSが提供するプログラムであるので、OSが異なると
APIも異なる。そのため、異なるOSでプログラム実行するためには、
ソースコードのAPIを用いた部分は書き直す必要がある。

---

[5]　OS以外のソフトウェアが提供するAPIもある

142

プログラミング言語によっては、OSのAPIを呼び出す**ライブラリ**を提供しているものもある。ライブラリとは他のプログラムから呼び出すことのできるプログラムの集まりのことで、多くのプログラマが利用する機能をライブラリとして提供することにより、プログラマはその機能をライブラリを呼び出すことだけで実現することができる。OSのAPIを呼び出すライブラリが言語処理系により提供されているなら、そのライブラリはOSに依存しない可能性があり、その場合は異なるOSでもソースコードを書き直すことなく、プログラムを使用できる。

（3）BIOS

周辺機器を直接操作、より正確にはI/Oを直接操作しているのはOSではなく、**BIOS**（Basic Input/Output System）というプログラムである。BIOSはOSを含め他のプログラムにI/Oを介したハードウェアの基本的な操作機能を提供している[6]。

以上の説明をまとめると、プログラムは図9-8に示すように階層化される。このような階層化によりプログラマは、ハードウェアやハードウェアに近い下位の階層について意識することなくプログラミングを行うことができる。

---

6) BIOSの機能はUEFI（Unied Extensible Firmware Interface）に移行している。

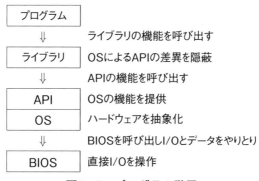

図9-8　プログラム階層

参考文献

[1] 大澤文孝『プログラムを作るとは』工学社，（2007）．

[2] 矢沢久雄『プログラムはなぜ動くのか（第2版）』日経BP社，（2007）．

[3] 葉田善章『コンピュータの動作と管理』放送大学教育振興会，（2017）．
OSを中心にコンピュータとプログラムの動作を説明している。

[4] Sisper, M.（著），太田和夫・田中圭介（監訳）『計算理論の基礎［原著第2版］』
第1〜4巻，共立出版，（2008）．
本章および次章では触れられなかった計算可能性理論や，アルゴリズムの性能
に関する計算量理論を含む計算理論の教科書。

演習問題

9.1 以下の機能や性質をもつプログラムの名称を答えよ。
　(1) CPUで直接実行可能。
　(2) プログラムを実行前にソースコードを一度に変換する。変換されたプログラムはCPUで直接実行可能である。
　(3) プログラムの実行時にソースコードを逐次解釈し実行する。
　(4) ソースコードをコンパイルすることにより得られたCPUに依存しない中間言語を実行する。

9.2 以下のOSの機能や概念の名称を答えよ。
　(1) 短い時間間隔で実行するプログラムを切り替え、あたかも同時に複数のプログラムが実行されているようにする機能。
　(2) メモリと補助記憶装置と組み合わせて、あたかも大きなメモリ量があるようにする機能。
　(3) 補助記憶装置上に記録されているデータやプログラムを抽象化した統一的な表現。

9.3 以下の機能や性質をもつプログラムの名称を答えよ。
　(1) ハードウェアや実行中のプログラムを管理する。
　(2) OSの機能をプログラムに提供する。
　(3) 他のプログラムにI/Oを介したハードウェアの基本的な操作機能を提供する。
　(4) 他のプログラムから呼び出すことができる。
　(5) ハードウェアの基本機能のみを見せて、詳細を隠す。

10 | プログラミング（2）

大西 仁

《**目標＆ポイント**》　プログラミング言語Pythonを用いて初歩的なプログラミングについて説明する。続いて、問題解決の観点からプログラミングの方法について考える。

《**キーワード**》　Python、問題解決、アルゴリズム

1. プログラミングの実際

（1）プログラミング言語Python

　プログラミング言語Pythonを用いて初歩的なプログラミングについて説明する。Pythonはさまざまな特徴をもつプログラミング言語であるが、言語処理系を無料で利用できること、習得が容易であること、実用的であることからPythonを採用した。ここでは、初歩的なプログラミングに関する事項を理解することが目的なので、詳細、厳密な記述は省き、Pythonのもつ機能のごく一部のみを示す。

　Pythonには対話的な実行環境であるインタラクティブシェルが備わっている。次のように、インタラクティブシェルは直接Pythonのプログラムや式を打ち込み、その場で確認できる。

```
1  >>> print('Hello, Python!')
2  Hello, Python!
```

1行目の>>>は入力を促すプロンプトで、入力する必要はない。print('Hello, Python！')がプログラムで、Hello, Python!と表示する。2行目はその実行結果である。Ptythonの処理系は公式サイト（https://www.python.org/）から入手できるが、他にもライブラリや開発環境をパッケージ化して配布しているサイトもある。また、Google Colaboratoryはインストールしないでも使用できる。プログラミングは、実際にコードを打ち込んでプログラムを実行させることにより理解が深まるので、ぜひ実践していただきたい。

（2）変数と代入

プログラムにおいて利用する数値や文字列等のデータを一時的に保存するために**変数**が用いられる。変数はデータを入れるための容器に喩えられることが多い。変数に値を入れることを代入という。Pythonでxという名前の変数を作り、1という数値を代入するには次のようにする。

```
1   >>> x=1
2   >>> x
3   1
```

この代入により、この時点での変数xの値は1となっている。2行目でxと入力することにより、変数xの値を確認することができる。ここで、＝は代入を表し、等式を表している訳ではないことに注意する。たとえば、

```
1   >>> x=1
2   >>> x=x+1
3   >>> x
4   2
```

の2行目は方程式ではない。2行目では、1行目終了時点での変数xの値である1と数値1を足した値が変数xに代入され、xの値は2になる。

代入の左辺には変数、右辺には値を書く。先の例から分かるように、右辺は値の代入された変数、演算や関数（後述）を含む式でもよい。加算、減算、乗算、除算の演算子は、それぞれ＋、−、＊、／である。

変数の名前は、アルファベット、数字、アンダースコア（いずれも半角）を組み合わせて作る。また、全角文字も変数の名前に使うことができる。ただし、最初の文字は数字ではいけない。x, _, x_1, x1, _1は変数の名前として使えるが、1, 1x, 1_xは使えない。また、if, while, def等のPythonのキーワードにあたる約40種類の文字列は変数の名前としては使えない。

変数には数値以外のデータも代入することができる。変数xに文字列「ABC」を代入するには次のようにする。

```
1   >>> x = 'ABC'
2   >>> x
3   'ABC'
```

文字列は変数や数値と区別するためクオート' で囲う。変数と数値や文字列等のデータそのものの表記を区別するために、後者をリテラルと呼ぶ。文字列のための演算子もあり、次のようになる。

```
1   >>> 'ABC' + '123'
2   'ABC123'
3   >>> 3 * 'ABC'
4   'ABCABCABC'
```

しかし、次の演算は文法違反でエラーになる。

```
1  >>> 'ABC' + 123
2  エラーメッセージ
```

（3）データ型

　先の例で文字列と数値の加算は文法違反となった。データは性質により いくつかの種類、すなわち**データ型**、あるいは**型**に分かれていて、 データ型により適用できる演算などの操作やその作用が異なる。

　多くのプログラムで用いられるデータ型は、あらかじめプログラミング言語に用意されている。このようなデータ型を**組み込み型**という。Pythonにおける代表的な組み込み型の一部を以下に示す。

数値型

　数値型は数値データを表現するためのデータ型で、整数型、浮動小数点型等に分かれている。

　四則演算の他に、べき乗には**＊＊**、除算の余りには**％**という演算子が用いられる。たとえば、5＊＊2は5^2のことなので25、5％2は5を2で除した余りなので1である。演算子の適用には優先順位があり、乗算、除算は加算、減算より優先される。たとえば、1＋2＊3は2＊3が先に適用されるため、結果は7となる。加算を先に適用したい場合は（）を用いて、(1＋2)＊3とする。

　数値計算でよく用いられる三角関数、対数関数等はライブラリの関数として提供されている。関数については**（5）**で説明する。

文字列型

　文字列型は文字列データを表現するデータ型である。先の例で示したように、「文字列型データ + 文字列型データ」という演算は文字列の結合を行う。また、「整数型データ＊文字列型データ」は文字列の繰り返しを行うが、次の演算は文法違反でエラーになる。

```
1  >>> 2.0 * 'ABC'
2  エラーメッセージ…
3  TypeError：can't multiply sequence by non-int of type 'float'
```

　これは、「浮動小数点型データ＊文字列型データ」が定義されていないため文法違反となるからである。エラーメッセージ（の一部）を見ると、確かにそのようなことが書かれている。数学的には2.0と2は同じ値であるが、Pythonでは区別されている。多くの場合、整数型と浮動小数点型のデータを区別することなく演算することができるが、それは両方のデータ型について演算が定義されているからである。

　文字列データは文字の系列であり、インデックスと呼ばれる番号を用いて、文字列中の文字を取り出すことができる。文字列から1文字を取り出すにはインデックスを［ ］で囲む。

```
1   >>> x = 'ABCDE'
2   >>> x[0]
3   'A'
4   >>> x[1]
5   'B'
6   >>> x[4]
7   'E'
8   >>> x[5]
9   エラーメッセージ…
10  IndexError: string index out of range
```

　ここで注意が必要なのは、Pythonではインデックスが0から始まることである。最初の文字はx[0]で5番目の文字はx[4]である。したがって、x[0]の値は'A'、x[1]の値は'B'、x[4]の値は'E'となる。x[5]にあたる文字は存在しないので、x[5]の文字を取り出そうとするとエラーになる。

リスト型

　リスト型は、数値や文字列等を順序をつけて並べたデータ、すなわちリストを表現するデータ型である。リストは異なるデータ型のデータを並べることもできる。

```
1   >>> ['A', 'B', 'C', 4, 5, 6]
2   ['A', 'B', 'C', 4, 5, 6]
```

リストはリストを要素とすることもできる。

```
1  >>> ['A', 2, [3, 'D', 5]]
2  ['A', 2, [3, 'D', 5]]
```

　リスト型のデータはインデックスにより要素を取り出すことができる。また、要素に値を代入することができる。

```
1   >>> x=['A', 2, [3, 'D', 5]]
2   >>> x[0]
3   'A'
4   >>> x[2]
5   [3, 'D', 5]
6   >>> x[2][0]
7   3
8   >>> x[2][1] = 4
9   >>> x
10  ['A', 2, [3, 4, 5]]
```

　文字列やリストのように要素をもち、インデックスにより要素を指定できるデータ型をシーケンス型という。

　数値、文字列、リストを操作する機能はここに紹介した以外にも多数ある。また、ここで紹介した以外の組み込み型も多数ある。さらに、データ型はプログラマ自身が作成することもできる。

（4）条件分岐と繰り返し
if文による条件分岐

　データ等の条件により命令を変えるにはif文を使う。最も基本的なif文は次のように書く。なお、網掛けはこの後で説明するインデントを表

している。

```
1   >>> x = -1
2   >>> if x＜0：
3   ...     print('負の数')
4   ...
5   負の数
```

　このプログラムの意味は「xの値が0より小さければ'負の数'という文字列を表示する」である。ここで、if x＜0：は条件を表す。x＜0はxが0より小さければ True（真）、そうでなければ False（偽）という値になる演算子である。条件の最後に：をつける。条件の下の行に、条件がTrueになったときの命令を書く。print( ) は変数やリテラルを画面に表示する関数である。ここで注意が必要なのは、条件がTrueになったときの命令は**インデント**、すなわち字下げを行う必要があることである。インデントは一定数の空白かタブを用いて行う。複数の命令を書く場合には、各行で同量のインデントを行う。なお、…はプロンプトである。

　この例では、xは−1なので、条件が Trueになり、文字列'負の数'が表示される。仮にx≧0であれば、条件が Falseとなるので何もしない。条件が Trueの場合と Falseの場合で別の命令を書くには elseを用いて次のように書く。

```
1   >>> x = 1
2   >>> if x < 0 :
3   ...     print('負の数')
4   >>> else :
5   ...     print('非負の数')
6   ...
7   非負の数
```

　この例では、if の条件が False となるので、else の下のインデントさ
れた行の命令が実行され、文字列'非負の数'が表示される。
　条件が3種類以上あるときには、elif を用いる。elif は else if のことで、
前の条件が False の場合に、elif における条件が True なら elif の下のイ
ンデントされた行の命令が実行される。elif を使った条件分岐は次のよ
うに書く。

```
1   >>> x = 0
2   >>> if x < 0 :
3   ...     print('負の数')
4   ... elif x == 0 :
5   ...     print('ゼロ')
6   ... else :
7   ...     print('正の数')
8   ...
9   ゼロ
```

　ここで、== は左辺と右辺の値が等しいと True、等しくないと False
になる演算子である。左辺と右辺の値が等しくないと True になる演算子
は != である。これらを含め値の大小を比較する演算子は、==、!=、
<、<=、>、>= である。<=、>= はそれぞれ≦、≧のことである。

また、条件を反転するのには not、2つの条件の論理和、論理積にはそれ
ぞれor、andという演算子が用いられる。たとえば、x % 3 !=0 and
x >= 5　はxが3で割り切れない5以上の値の場合にTrueとなる。

while文による繰り返し

　while文は繰り返し処理を行うために用いられる。図10-1にwhile文
の書式と動作を示す。

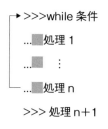

```
► >>>while 条件
   ...■処理 1
   ...■    ：
   ...■処理 n
   >>> 処理 n＋1
```

図10-1　while文の書式

　whileの後ろは繰り返しを続ける条件である。条件が満たされている
限り、whileの下のインデントされた行の命令である処理1から処理n
が繰り返し実行される。繰り返しの行われる命令群をループといい、
while文のループを**while ループ**と呼ぶことがある。繰り返しの条件が
満たされなくなったら、ループは実行されず、処理n＋1が実行される。
　以下はwhile文を用いた具体的なプログラムの例である。

```
1  >>> x = 3
2  >>> s = 0
3  >>> while x＞0：
4  ...        s = s + x
5  ...        x = x - 1
6  ...        print(f'x = {x}, s = {s}')
7  x = 2, s = 3
8  x = 1, s = 5
9  x = 0, s = 6
```

　この例では、x＞0の間、4行目から6行目を繰り返し実行する。sは
xの累積加算で、xは1ずつ減算される。6行目では、xとsの変数名と
値を表示する。f' 文字列'はf文字列と呼ばれる記法で、''内で{}で囲ま
れた変数や関数等の値を展開し、他の文字列はリテラルとしてそのまま
を返す。5行目でxが0になると、3行目でx＞0がFalseになるので、
ループの実行は終わり、7行目以降が実行される。

（5）関数
関数の利用
　プログラムでよく利用する処理を1つにまとめて**関数**として、その処
理が必要なときに関数を呼び出すことにより、プログラムの記述量を減
らしたり、プログラムの見通しをよくすることができる。Pythonの提
供する関数には、特別な宣言なしに使うことのできる**組み込み関数**と**標
準ライブラリ**として提供される関数がある。また、関数はプログラマ自
身で作成することもできる。
　組み込み関数len( )はシーケンス型データの要素数を返す関数であ
る。len( )の呼び出し方は次の通りである。

```
1   >>> x = [1, 'b', [3, 'd', 5]]
2   >>> len(x)
3   3
4   >>> len('ABCDE')
5   5
```

　この例におけるxや'ABCDE'のように関数に渡す値のことを引数（ひきすう）という。一方、関数から返される値を戻り値という。

　組み込み関数以外にも、プログラミングによく利用する機能をまとめたモジュールを読み込むことにより関数を利用できる。モジュールには、Pythonが提供する標準ライブラリと第三者が提供するものがあり、プログラマ自身がモジュールを作成することもできる。

　モジュールを利用するにはimport文を用いる。たとえば、三角関数、対数関数等の数学関数や円周率等の重要な定数はmathモジュールに定義されている。モジュールの呼び出しと関数の使用は次のように行う。

```
1   >>> import math
2   >>> x = math.pi/2
3   >>> math.sin(x)+math.cos(x)
4   1.0
```

　関数の呼び出しはモジュール名と関数名をドット．で区切って呼び出す。単純にsin( ), cos( ), piという形で関数を用いたい場合には、from文を用いて、次のようにモジュールを呼び出す。

```
>>> from math import sin, cos, pi
```

標準ライブラリにはmath以外にも多数のモジュールがある。第9章でOSの差異を隠蔽してOSのAPIを呼び出すライブラリについて説明した。Pythonではosモジュールがそれにあたる。

関数の作成

関数を定義するには**def文**を用いる。def関数名（引数）：と書き、その下の行に命令群を書く。戻り値は**return文**で指定する。次のプログラムは1からx（正の整数を想定）の和を計算する。

```
1  >>> def sum(x):
2  ...      s = 0
3  ...      while x>0:
4  ...          s = s + x
5  ...          x = x - 1
6  ...      return s
7  ...
8  >>> sum(3)
9  6
10 >>> sum(5)
11 15
```

2. プログラミングの方法

（1）問題解決

プログラマはプログラミング言語の文法を知っているだけでプログラミングができる訳ではない。プログラミング言語を用いてプログラムを書くことはプログラミングの一部に過ぎない。プログラミングは問題解決そのものである。問題解決は次のような手順で行われるのが一般的で

ある。

① 問題の把握

　対象となる問題の目的、結果に影響を与えると考えられる要因といった問題の要素を抽出し、それらの特性や関係を整理する。プログラミングにおいては、方程式の解を求めることや、ユーザのメッセージを電子メールとして指定された受信者に送信することが目的にあたる。また、前者では変数やパラメタや方程式、後者ではメッセージのデータ形式、入力方法といったことが、結果に影響を与えると考えられる要因である。

② 問題のモデル化

　問題をコンピュータで扱いやすい形に書き直す。コンピュータで扱えるようにするためには曖昧性のないように形式化する必要がある。そのために変数間の関係を明確にする。問題の表現法としては、方程式等の数式による表現、図による表現等が挙げられる。どの表現法が良いかは問題に依存する。

③ 問題解決手続きの詳細化と実装

　モデル化された問題を解決するための具体的な手続きを考える。問題解決のための手続きをアルゴリズムという[1]。一般に、1つの問題を解決するアルゴリズムは複数あり、同じ問題を解決する場合でも、アルゴリズムによって解決に要する時間や使用するメモリの量といった効率が極端に異なることがあるので、アルゴリズムの検討は非常に重要であ

---

1)　正確な定義では、アルゴリズムには、手続きが曖昧性なく記述されていること、有限時間で停止（終了）することが保証されていることが求められる。

る。アルゴリズムができたら、アルゴリズムをプログラミング言語を用いて記述する。これを実装あるいはコーディングという。

④　問題解決手続きの実行、評価

　プログラムを実行して、目的にかなった結果を出しているか、実際に現実の問題に適用できるかを検討する。これらの手順は、各ステップを1回ずつ行って終わりというわけではない。必要に応じて前のステップに戻り再検討する。

（2）問題解決の例

　問題解決の例として次の問題を考える。

> 　自動販売機のシミュレータを作る。投入できるのは100円硬貨と10円硬貨のみとする。商品は110円の商品Aと120円の商品Bの2種類とする。商品を購入すると、自動的に釣銭を出す。

①　問題の把握

　100円硬貨および10円硬貨を投入して、110円の商品Aおよび120円の商品Bを出し、必要に応じて釣銭を出すことは最初から明確である。しかし、これだけでは不十分である。まず、たとえば飲み物の自動販売機なら商品を選択するのにボタンを押す必要がある。当然のことであるが、投入金額の合計が商品の価格以上でなければ、その商品は購入できない。購入可能な商品が分かるようにするべきだし、投入金額の合計も表示すべきであろう。

②　問題のモデル化

　硬貨が投入されると、その金額分だけ投入金額の合計に加算される。

投入金額の合計が商品の価格以上になったら、その商品は購入可能状態になる。購入可能状態になった商品のボタンが押されたら、商品が出され、投入金額の合計と価格の差が釣銭として出される。そして、最初の状態（投入金額の合計は0円、どの商品も購入可能状態でない）に戻る。

　これらの過程の表現法として、ここでは図10-2に示す状態遷移図と呼ばれるグラフを用いる。丸で囲んだ数字は投入金額の合計、矢印は10円硬貨の投入、100円硬貨の投入、商品Aの購入ボタンを押す、商品Bの購入ボタンを押すことを表している。

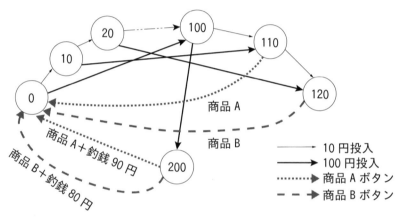

図10-2　状態遷移図

　スペースの都合で、金額不足で商品購入ボタンを押したとき、投入金額の合計が130～190円や210円以上になったとき等の処理は省略してある。読者の演習課題とする。

③　アルゴリズムの設計と実装
　モデル化した問題の解決手続きを曖昧さや漏れがないように作成す

る。アルゴリズムの表現には、プログラミング言語の他に、図10-3に示すようなフローチャートやプログラミング言語より自然言語に近い形式で記述された擬似コード等が用いられる。

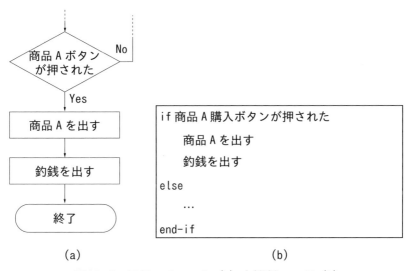

図10-3　フローチャート (a) と疑似コード (b)

④　問題解決の実行と評価

　プログラムを実行してみると、問題のモデル化やアルゴリズムに間違い、あるいは漏れや無駄が見つかることが多い。その場合、問題のモデル化やアルゴリズムの設計、場合によっては問題の把握に戻って再検討を行う。

3. まとめ

　2章にわたってプログラミングに関して説明した。実際にプログラミングを行うには、プログラミング言語の文法を覚えるだけでは不十分で

ある。たとえば、データ構造やアルゴリズムに関する知識が必要である。それらを扱った科目を受講したり、参考文献を参照することをお勧めする。

参考文献

[1] 川合慧『プログラミングの方法』岩波書店，(1988).
　プログラミングの基本概念と技法系統的に解説している。以下は，本書に続けて順番に学習するとよい。
[2] 辰己丈夫・高岡詠子『計算の科学と手引き』放送大学教育振興会，(2019).
[3] 鈴木一史『アルゴリズムとプログラミング』放送大学教育振興会，(2020).
[4] 鈴木一史『データ構造とプログラミング』放送大学教育振興会，(2018).

演習問題

10.1 以下の文字列のうち、変数の名前として許されないものを挙げよ。

ただし、すべての文字、数字、記号は半角であるとする。

(1) ab34、(2) 1bc、(3) __x、(4) if

10.2 次のように代入を行った場合、x, y の値を答えよ。

```
>>> x = 1
>>> y = x + 1
>>> x = x + 5
```

10.3 次のプログラムにより表示される数値を答えよ。

```
>>> x = 10
>>> if x % 3 == 0 :
...     print(1)
... elif x >= 5 :
...     print(2)
... else :
...     print(3)
```

10.4 次のプログラムにより表示される数値を答えよ。

```
>>> x = 0
>>> s = 0
>>> while x < 10 :
...     x = x + 2
...     s = s + x
... print(s)
```

10.5 次のプログラムで定義される関数は何をする関数か答えよ。ただし、x, y は数値を想定している。

```
>>> def f(x, y) :
...     if x >= y :
...         return x - y
...     else :
...         return y - x
...
```

11 | ユーザインタフェース

大西 仁

《目標＆ポイント》 情報機器等のシステムとユーザの情報交換を担うユーザインタフェースの概念、構成要素の具体例、使いやすさの要因について説明する。
《キーワード》 ユーザインタフェース、GUI、ユーザビリティ、ユーザ体験（UX）

1. ユーザインタフェース

（1）ユーザインタフェースの定義

　インタフェースはもともと境界面という意味をもつ。コンピュータをはじめとする情報機器は、複数のハードウェア、ソフトウェアから構成されることから、情報機器には複数のインタフェースが存在する。インタフェースは、ハードウェアインタフェース、ソフトウェアインタフェース、ユーザインタフェースに大別される。

　ハードウェアインタフェースは、ハードウェア間の接続を行う際の入出力コネクタ形状や送受信の方法などを定めたものである。たとえば、入出力制御装置（I/O）は、CPUと周辺機器を接続し、データを入出力するためのインタフェースである。一般ユーザになじみのあるハードウェアインタフェースの代表例としては、USBメモリ等の周辺機器を接続するためのUSB（Universal Serial Bus）が挙げられる。

　ソフトウェアインターフェースは、プログラム間でデータをやり取り

する手順や形式を定めたものである。たとえば、OSが提供するAPIは、ソフトウェアがOSの機能を簡単に利用するためのインタフェースである。

　ユーザインタフェースは、コンピュータをはじめとする機器とユーザの間で情報をやり取りするためのしくみである。ユーザによる機器への情報の入力、機器からユーザへの情報の出力、およびそれらの連鎖を含むユーザの活動を円滑に行えるようにするのがユーザインタフェースの役割である。本章では、主にコンピュータのユーザインタフェースについて述べるが、コンピュータ以外のユーザインタフェースにも共通する部分が多くある。

（2）ユーザインタフェースの代表例
入力インタフェース

　ユーザがコンピュータへ情報を入力するための装置として最も代表的なものは、キーボードとマウス、そしてタッチパネルである。マウスに似たものに、ノート型PCに搭載されているタッチパッド等がある。

　また、ペン状の装置で平板状の本体に触れることにより入力を行うペンタブレットは、特定の位置（座標）情報を入力するほか、手書きの絵や文字を入力することに用いられる。マウスやタッチパッド、タッチパネル、ペンタブレット等、位置情報を入力する装置は**ポインティングデバイス**と呼ばれる。その他、画像や映像を入力するカメラ、印刷物等の画像を入力するイメージスキャナ、音声情報を入力するマイクは代表的な入力装置である。

　画像情報として入力された印刷物や手書き文字から文字情報を抽出するには、文字認識システムが用いられる。特にイメージスキャナから読み取った画像情報から文字情報を抽出するソフトウェアは光学式文字読

取装置（Optical Character Reader；OCR）と呼ばれる。また、発話音声から文字情報を抽出するには音声認識システムが用いられる。

出力インタフェース

　コンピュータがユーザへ情報を出力するための装置として最も代表的なものは、ディスプレイ、プリンタ、スピーカである。視聴覚情報以外を出力する装置としては、3次元データを基に樹脂などの材料で立体造形を行う3Dプリンタがよく知られている。

2. ユーザインタフェースと使いやすさ

（1）使いやすさ、ユーザビリティ、UX

　近年、使いやすさに関連するカタカナ語が盛んに使われている。**ユーザビリティ**は、製品やサービスの有用性、使いやすさという意味でも用いられるが、特定の目的を達成するために用いる際の有効性、効率、ユーザの満足度という価値観を含んでいる。ユーザ体験、あるいはユーザエクスペリエンス（User Experience；**UX**）は、製品やサービスを使用することで得られるユーザの体験、すなわち楽しさ、心地よさといった印象のことである。機能や性能だけでは製品やサービスが売れなくなり、ユーザの満足感や体験が注目されるようになった。ユーザはユーザインタフェースを介して製品を操作することから、ユーザインタフェースは製品の使いやすさ、ユーザビリティ、UXに大きな影響を与える。

（2）GUIとその特徴

　ディスプレイの画面に表示されたウィンドウ、アイコン、メニュー、ボタン等をマウス等のポインティングデバイスで操作する**GUI**（Graphical User Interface）は、マウスの操作だけでソフトウェアの起

動、ファイル操作等の多様な作業が可能であり、直感的で分かりやす
く、操作法の習得が容易であることから、一般ユーザ向けのコンピュー
タはGUIを採用している。

ウィンドウ

　GUIにおいて、フォルダや起動されたプログラムはそれぞれがウィン
ドウとして表示される。PCであれば複数のウィンドウを同時に並べて
開くことができる。たとえば、資料のファイルとワードプロセッサを同
時に開いて、資料を参照しながら文書を編集することができる。また、
多くのソフトウェアにおいて、異なるソフトウェア間でも文字列や図等
を貼り付けることができる。たとえば、ワードプロセッサで作成した論
文原稿を開いて、プレゼンテーション用のソフトウェアに図表や文字列
を貼り付けて、プレゼンテーション資料の作成を効率的に行うことがで
きる。

アイコン

　アイコンは、フォルダ、ファイル、プログラム、プリンタ、外部記憶
装置等のコンピュータの要素を表す小さな絵（絵文字）で、ポインティ
ングデバイスでアイコンを指すことで、アイコンに相当する要素を操作
することができる。

メニュー

　メニューは、作業対象の操作を一覧にしたもので、ユーザはポイン
ティングデバイスで操作を選択することにより操作を行う。キーボード
により命令を入力するインタフェース[1] では、命令を覚える必要があり、
初心者には容易な作業ではなく、習得にも労力を要する。メニューな

1)　GUIと対をなす概念ということで、CUI（Character User Interface）と呼ば
れる。

ら、適当な操作を選択するだけなので、命令を覚えていなくても容易に作業することができる。

直接操作

直接操作とは、画面上に表示された対象にポインティングデバイスで直接働きかけて操作することである。たとえば、ファイルの移動はポインティングデバイスでファイルのアイコンを直接つかみ、目的のフォルダまで動かすことで実現できる。あたかも物理的実体を操作しているように操作することができるので、直感的で使いやすい。

メタファ

メタファとは隠喩のことである。GUIでは、コンピュータの要素や操作を机上（デスクトップ）の物や作業に喩えた**デスクトップメタファ**を採用している。画面には、実際の机上と同様に書類（ファイル）、フォルダ、文房具（プログラム）等がアイコンとして置かれ、実際の机上の作業の感覚でコンピュータを操作することができる。

一般に、抽象的な概念はメタファを通して理解されるものであり、抽象的な概念を扱う情報・通信では多くのメタファが用いられている。GUIを採用していないシステムでもファイルは紙のファイルのメタファである。また、パケット交換方式のパケットは、送受信におけるデータの単位を小荷物（packet）に喩えている。

WYSIWYG

ワードプロセッサでは、プリンタにより出力される印刷結果とディスプレイに表示される画面が一致する。このような方式を**WYSIWYG**（What You See Is What You Get）という。WYSIWYG方式では、文

字のスタイルや大きさの設定、図の配置等が入力と同時に画面に反映され、それが印刷結果と一致するので、入力結果を入力時に確認することができる。最終成果物が印刷物ではなく、画面に出力される場合も、入力画面と出力画面が一致するようなソフトウェアであればWYSIWYG方式である。

　WYSIWYG方式ではない文書作成にはマークアップ言語が用いられる。マークアップ言語では文字の修飾等を命令で行う。印刷用のマークアップ言語で代表的なものにTEXがある。図11-1にTEXによるマークアップ例を示す。入力時に印刷結果と一致する画面表示がないので、入力時に入力の間違いに気づきにくい。

\subsubsection＊｜運動特性｜
ポインティングデバイスを使用して、画面上の指し位置を表すポインタ
\index｜ぽいんた＠ポインタ｜を移動させて、目標となる対象を指し示す操作を考える。
目標までの移動距離が大きいほど目標までの移動に要する時間は長くなり、目標の大きさが小さいほど目標までの移動に要する時間は長くなる。
\textbf｜フィッツの法則｜ \index｜ふぃっつのほうそく＠フィッツの法則｜（Fitts's law）はこれらの定量的関係を表したものである（図
\ref｜fig：11_Fitts｜）。
始点から目標までの距離を\$D\$、目標の大きさ（幅）を\$W\$とすると、始点から目標までポインタを移動するのに要する時間\$T\$は次のように表される。
\\[T＝a＋b\log_2\left(\frac｜D｜｜W｜＋1\right)\\]
ここで、\$a\$、\$b\$はユーザ個人の特性やデバイスの特性により決まる定数である。

図11-1　TEX（LATEX）によるマークアップ例

170

　一方で、文書の論理構造と体裁を分離できるので、体裁の一貫した文書を作成できる。たとえば、文書の構造で章、節の次の単位であるsubsectionの見出しは、\subsection{ヒトの特性と使いやすさ} となっていて、構造の情報のみが記されており、文字の大きさや太字等のスタイル、見出しの配置は別に定義されている。文書内でsubsectionの見出しは統一された体裁になる[2]。

CUIの利点

　ここまで、GUIの分かりやすさ、使いやすさを強調してきたが、全面的にCUIが劣っている訳ではない。作業効率は、キーボードにより命令を入力するほうが、ポインティングデバイスでメニューを選択するより少ない手数で操作を行うことができる場合が多い。また、命令を1回入力することにより、対象となる複数のファイルを一気に操作することができる。こうしたことから、操作に慣れたユーザならCUIを使用したほうが作業効率が高いということもある。

（3）ヒトの特性に基づくユーザインタフェースのデザイン

　コンピュータとユーザが情報のやり取りを円滑に行うためには、入出力インタフェースの特性がヒトの入出力特性、すなわち感覚運動系の特性に適合している必要がある。また、作業を円滑に行うためには、操作方法や手順がヒトの理解に適合している必要がある。使いやすいユーザインタフェースをデザインするために考慮すべきヒトの特性は非常に多い。ここでは代表的な特性について簡単に紹介する。

---

2)　WYSIWYG方式の多くのワードプロセッサは、論理構成と体裁を分離する機能を備えているが、実際にはあまり利用されていない。

視覚特性

　GUIではメニューやアイコン等で多くの項目を同時に表示する。表示された各項目が容易に読み取れて、その中から操作に必要な項目が即座に見つかることが望まれる。各項目が容易に読み取れるようにするためには、文字や絵の大きさ、色や明暗のコントラストの工夫が望まれる。操作に必要な項目が即座に見つかるためには、命令をカテゴリに分類して、カテゴリごとにまとまって見えるように配置や配色を工夫することが望まれる。

　GUIには、先に紹介した要素以外にもボタンや画面をスクロールするために用いるスライダ等の多様な要素がある。各要素は、クリック、ドラッグ等のほかにも潜在的には多くの操作の可能性があるが、マニュアルを参照しないでも見ただけでどのように実行するのか即座に分かることが望まれる。そのためには、要素が適切な操作法を示唆するように視覚的表現を工夫することが望まれる。

運動特性

　ポインティングデバイスを使用して、画面上の指し位置を表す**ポインタ**を移動させて、目標となる対象を指し示す操作を考える。目標までの移動距離が大きいほど目標までの移動に要する時間は長くなり、目標の大きさが小さいほど目標までの移動に要する時間は長くなる。**フィッツの法則**（Fitts's law）はこれらの定量的関係を表したものである（図

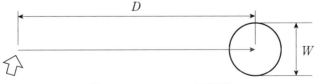

図11-2　フィッツの法則

11-2）。始点から目標までの距離をD、目標の大きさ（幅）をWとすると、始点から目標までポインタを移動するのに要する時間Tは次のように表される。

$$T = a + b \log_2 \left(\frac{D}{W} + 1 \right)$$

ここで、a、bはユーザ個人の特性やデバイスの特性により決まる定数である。aはデバイスの操作開始、停止に要する時間、bは移動距離や目標の大きさが所要時間に与える影響と解釈することができる。a、bの値が小さいほど、ユーザの習熟度が高い、あるいはそのデバイスが効率的な移動という点で優れていると考えられる。

フィッツの法則はポインタの移動に要する時間を精度よく予測することが知られている。一般に使用される命令の使用頻度は一定ではないので、GUIにおいて使用頻度の高い命令に相当するメニュー項目やアイコン等の要素を遠距離に置くと、作業が非効率的になることが分かる。

認知特性

数字やアルファベットの列や単語のリスト、複数の動物の写真等を短時間（たとえば10秒くらい）提示されて、提示され内容をたとえば1分後に思い出すことを求められらとき、思い出せるのは7±2個程度であることが知られている。数10秒から数10分程度の比較的短時間保持される記憶を短期記憶という。短期記憶の容量は小さいので、操作中に覚えておかなければならないことは極力少なくすることが求められる。仮に画面上に必要な情報がすべて表示されていても、一度に大量の情報が表示されると、画面内を探し回らなければならないので、作業を適切に分解して一度に表示される情報が多すぎないように工夫することが望まれる。

　GUIの構成要素の形状、並びの意味、色の意味、メッセージ、キーボードに特定の操作を割り当てるキーボードショートカット等には一貫性が求められる。一貫性があれば勘が働き、マニュアルを読まないでも高い確率で正しい操作ができるが、一貫性がないと勘が働かないだけでなく、操作ミスの原因になる。

　ユーザは使用するシステムやその操作法についてイメージ、すなわち**メンタルモデル**を作り、メンタルモデルを通してシステムを理解する。ユーザインタフェースがユーザのメンタルモデルに適合すると円滑にシステムを使用することができる。

　ユーザインタフェースの開発者は、ユーザのメンタルモデルを予想してユーザインタフェースをデザインする。実際のユーザが操作するところを観察したり、調査したり、ユーザを分析することにより予想は正確になっていく。メンタルモデルはユーザにより異なるものであることから、ユーザが適切なメンタルモデルを学習しやすいようにデザインすることも重要である。

アクセシビリティへの配慮

　年齢、性別、障がい、利用状況等にかかわらず、誰もが支障なく利用できることを目指した製品・建物・サービスのデザインを**ユニバーサルデザイン**という。ヒトが受ける情報の8割から9割は視覚によると言われているが、コンピュータの主な情報提示もディスプレイによる文字や画像の提示である。文書を音声に変換する音声読み上げソフトウェアは、視覚障害や識字障害のあるユーザに音声で情報を提示することができる。

　Webページの内容を音声で提示するためには、ユーザが音声読み上げソフトウェア用意しておけば、各Webサーバに音声読み上げソフト

ウェアを設置する必要はない。ただし、Webページの作り方に注意が必要である。まず、コンテンツ内の画像を読み上げることができないので、画像には代替テキストを設定して、画像に関する情報を提示できるようにする必要がある。また、テキストでも読み上げられない記号があったり、意図通りに読み上げられない文字列もある。さらに、文書の論理構造が読み上げソフトウェアに正しく伝わらないと、たとえ画面上の体裁が整っていても、正しく読み上げられない。正しく読み上げを行うには、HTMLの規約に従って記述する必要がある。

　Webページに限らないが、色の弁別に困難が伴うユーザがいるので、配色やコントラストにも配慮が必要である。また、色のみで内容を表現することは避けるべきである。配色支援のためにさまざまな色覚特性をシミュレートするソフトウェアをがあるので、それらを利用してコンテンツを確認しておくとよい。

3. 五感インタフェースとマルチモーダルインタフェース

（1）五感インタフェース
　視聴覚以外の感覚モダリティを伝えるインタフェースも研究されている。

触覚・力覚インタフェース
　触覚インタフェースとは、あたかも実際の物体に触っているような感覚を与える装置である。上下に振動するピンを2次元に配列し、個々のピンの動きを制御することにより、さまざまな触感を与えることができる（図11-3）。ピンではなく電気刺激により物体に触れた感覚を与える方式のものもある。また、タッチパネルを振動させたり、静電気で手を引き付けたりすることにより、タッチパネルに触覚出力機能をもたせた

触覚インタフェースもある。

　力覚インタフェースとは、物体に触れたときに生じる力の感覚を与える装置である（図11-3）。力覚インタフェースは力を出力するだけでなく、ユーザの手の動きを入力することもできる。ユーザが力覚インタフェースでコンピュータ内に作成された仮想物体を操作すると、コンピュータグラフィックスで表現された仮想物体が変形あるいは移動し、ユーザには反力が提示される。また、力覚インタフェースを通信ネットワークで結べば、遠隔で反力を感じながら協調作業を行ったり、遠隔制御ができる。

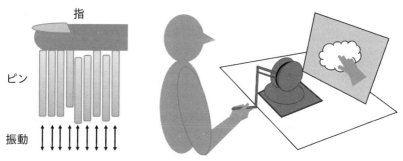

図11-3　触覚インタフェース（左）と力覚インタフェース（右）

嗅覚インタフェース

　嗅覚インタフェースとは、香りを提示する装置である。多数の香料をコンピュータから送られた調合比データにより調合して出力する。調合比データを通信することにより香りの通信も可能になる。

味覚インタフェース

　味を提示する味覚インタフェースは、ほかの感覚モダリティ情報を提

示するインタフェースに比べると少ないが、舌に電気刺激を与え、飲食物の味を変える研究がある。また、味は純粋な味覚のみでなく、視聴覚や触覚、嗅覚の影響を受けることから、味覚以外の感覚モダリティの情報を用いて味を変えるインタフェースの研究もある。

（2）マルチモーダルインタフェース

　視覚と聴覚など複数の感覚モダリティを同時に使用して情報を提示することにより、リアリティが増したり、情報の見落としや間違いが減ることが期待される。また、複数のモダリティの情報を同時にシステムへ入力することにより、その状況により適した出力が可能になる。複数のモダリティを用いたインタフェースは**マルチモーダルインタフェース**と呼ばれる。前述した、味覚以外の感覚モダリティの情報を用いて味を変えるインタフェースはマルチモーダルインタフェースである。

　マルチモーダルインタフェースの代表例は、スマートフォンであろう。入力装置としては、マイク、タッチパネル、カメラのほかに、位置を測るGPS、本体の傾きを測るジャイロセンサー、本体の加速度を測る加速度センサー、周囲の明るさ測る環境光センサー[3]、タッチパネル付近の物体の接近を感知する近接センサー[4]等が装備されている。出力装置としても、ディスプレイ、スピーカ、バイブレータが装備されている。スマートフォンはユーザが動きながら使用することもあるので、ナビゲーションソフトウェアをはじめ各種入力情報を有効に活用したソフトウェアが多い。

---

3)　周囲の明るさに応じて表示の明るさを制御するのに用いられる。
4)　通話中にタッチパネルに顔が触れて、タッチパネルが誤作動することを防ぐために、顔の接近を感知したらタッチパネルからの入力を無効にするために用いられる。

4. まとめ

本章ではユーザインタフェースについて概観した。ユーザインタフェースはシステムの使いやすさやユーザの体験に大きな影響を与えるが、使いやすさの実現は技術の追求だけでは不可能であり、ユーザであるヒトの特性を理解することが必要である。ユーザインタフェースの研究は盛んに行われており、さまざまなアイディアが実現されていて大変に面白い。学会に参加しなくても、インターネットで動画が公開されているものもあるので、興味をもった読者は探してみてほしい。

参考文献

[1] 北原義典『イラストで学ぶヒューマンインタフェース』講談社，(2011).
[2] 黒須正明・暦本純一『コンピュータと人間の接点』放送大学教育振興会，(2018).
　ユーザインタフェース，ヒトとコンピュータのインタラクション，ユーザビリティに関して総合的に解説している。
[3] 広瀬洋子・関根千佳『情報社会のユニバーサルデザイン』放送大学教育振興会，(2019).
　アクセシビリティを中心にユニバーサルデザインの考え方や技術を解説している。
[4] 高橋秀明『ユーザ調査法』放送大学教育振興会，(2020).
　情報機器やサービスのユーザの特性やニーズ，利用状況を知るための方法を解説している。

演習問題

11.1 次のインタフェースを、入力インタフェース（ユーザインタフェース）、出力インタフェース（ユーザインタフェース）、それ以外に分類せよ。

(1) キーボード　(2) USB　(3) API　(4) ディスプレイ

11.2 次の特徴をもつユーザインタフェースはGUIかCUIか回答せよ。

(1) 直接操作可能　(2) 習熟すると作業効率が高い

(3) 命令を覚える必要がある　(4) WYSIWYG

11.3 $a = 0.2$（秒）、$b = 1$（秒）、$W = 2$（cm）とする。$D = 30$（cm）のとき、フィッツの法則から予測される移動時間を求めよ。

11.4 ユーザが開発者の意図したメンタルモデルを作るためのデザインの工夫を考えよ。

12 | データベースの基礎

森本 容介

《**目標＆ポイント**》　現実世界のデータを記録し再利用するために、データベースが用いられる。まず、さまざまな文脈で用いられる「データベース」の定義を行う。次に、（狭義の）データベースのモデルとして最も広く使われるリレーショナルモデルを解説する。

《**キーワード**》　データベース、データモデル、リレーショナルモデル

1. データベースとデータベース管理システム

（1）データベースとデータモデル

　本章ではデータベースを取り扱うが、データベースという用語は、人や文脈によって多様な解釈が行われる。まずは、概念を整理しよう。

　われわれの周りや世の中には、さまざまな**データ**（data）、または**情報**（information）があふれている。これらを効率的に収集、蓄積、管理し、効果的に活用する技術が求められている。データを扱いやすいように整理したうえで蓄積し、再利用できるようにしたものを**データベース**（database）と呼ぶ。データをため込むだけではなくて、それが整理されていることと、再利用できることを定義に含んでいる。たとえば、以前公衆電話に備え付けられていたような職業別電話帳はデータベースといえる。職業別電話帳には、企業が職種によって分類され、企業名と電話番号が収められている。利用者は職業別電話帳から企業を探し出

し、電話番号を知ることができる。この例のようなコンピュータを使わないデータベースは、最も広くとらえたデータベースといえる。

　データを記録して取り出すような作業は、コンピュータが得意な分野である。ここからは、コンピュータ上に構築されるデータベースを考える。一般的にデータベース化の対象は、「学生の連絡先」、「図書館の蔵書」、「商品の売り上げ」のような現実世界のデータである。ここで、学生の連絡先のデータベースを作るといっても、方法は一通りではない。データベースを構築するためには、コンピュータ上におけるデータの表現方法と、整理方法を決める必要がある。このとき、データベースごとに白紙の状態から設計を始めるのではなく、これまでに広く使われてきた枠組みがあるため、それを使えばよい。このような、データを記述する枠組みを**データモデル**（data model）、または**データベースモデル**（database model）という。歴史的に広く用いられてきたデータモデルとして、階層型モデル（hierarchical model）、ネットワーク型モデル（network model）、**リレーショナルモデル**（relational model）が挙げられる。このうち、リレーショナルモデルは数学における集合をベースとしたデータモデルで、現在最も広く使われている。本章の第2節では、リレーショナルモデルを解説する。

（2）データベースの役割とデータベース管理システム

　データベースを使えば、**データの一元管理**を行うことができる。学生の電話番号を調べるとき、Aさんの分はあるファイルに、Bさんの分は別のファイルに、Cさんの分は紙の書類に、…という状況では効率が悪い。電話番号のデータベースを作っておけば、そこだけを調べればよいので、効率的に探し出すことができる。また、大学事務の担当者ごとに異なるファイルで電話番号を管理しているとする。ある学生の電話番号

が変更されたとき、ある担当者のファイルは修正し、別の担当者のファイルは修正し忘れる、といった状況が起こる。データベースを構築し、どの担当者もそれを使うようにすれば、このような事態を防止できる。データベースの有無によるデータ管理の違いを、図12-1に示す。

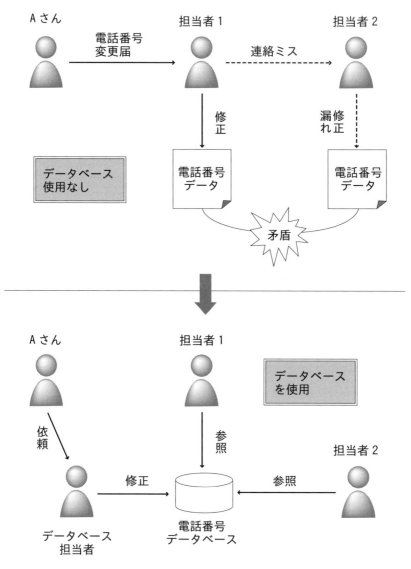

図12-1 データベースによるデータ管理

　図12-1の例でも分かるとおり、複数の利用者が同じデータベースを
使うことができる。利用者には、ソフトウェアも含まれる。たとえば、
何かを検索するためのデータベースであれば、図12-2のように、登録
用のソフトウェア（登録UI）を使ってデータベースにデータを登録し、
検索用のソフトウェア（検索UI）を使って検索を行うことが一般的で
ある。つまり、1つのデータベースを、2種類のソフトウェアから使用
する。また、登録データの統計情報を求めるソフトウェアや、データを
外部システムと交換するソフトウェアなど、さらに多くの利用者が用い
ることもできる。

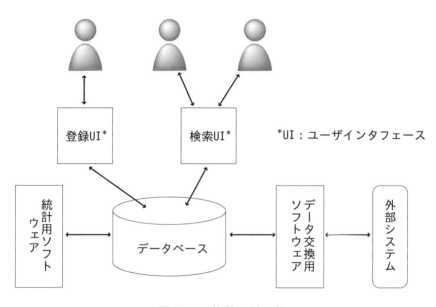

図12-2　複数の利用者

　図12-1、図12-2のように、データベースは円柱で示されることが多
いが、これは磁気ディスク（ハードディスク、または、その中にある円

盤状の記憶媒体）からきていると考えられる。通常、データベースの実体は、コンピュータ上のファイルである。このとき、データベースを使うソフトウェアが直接そのファイルを読み書きするのではなく、データベースの取り扱いに特化したソフトウェアを介することが一般的である。このようなソフトウェアを、**データベース管理システム**という。データベースを使うソフトウェアがデータベース管理システムにデータの読み書きを依頼し、データベース管理システムがデータベースの操作を代行する。データベース管理システムを使う利点を、3つ挙げる。

①ソフトウェア開発の容易化

　ソフトウェアが直接データベースを操作する場合、ソフトウェアごとにデータベースの操作機能を開発する必要がある。これでは、同じような機能を複数のソフトウェアに実装しなければならず、非効率である。データベース管理システムが提供するデータベース操作の機能を使うことにより、ソフトウェアの開発を容易化できる。

②データベース操作に関する不具合の防止

　一般に使用されているデータベース管理システムは、非常に高品質で不具合も少ない。データベース管理システムを使うことによって、データベースの操作に関する不具合を防止して、ソフトウェアの品質を高めることができる。

③データベースの論理構造と物理構造の分離

　データをデータベースのファイルに格納する方式（物理構造）を変更すると、データを読み書きする方法も変わる。データベース管理システムを使っていない場合は、データベースを使うすべてのソフトウェアを

修正する必要がある。データベース管理システムを使っている場合は、データベース管理システムとデータベースの間のインタフェースが変わるだけである。データベースの物理構造を変更しても、データベース管理システムを使うソフトウェアから見たデータの構造（論理構造）は変わらない。このとき、データベース管理システムを使うソフトウェアは修正を行う必要がないか、簡単な修正で対応できる。つまり、データベース管理システムは、データベースの物理構造の違いを吸収することができる。

　データベース管理システムは、単純なデータの読み書きだけではなく、多くの機能をもっている。たとえば、複数のソフトウェアが同時にデータベースを操作しても矛盾が起こらないようにする**排他制御機能**、データの読み書きを行える利用者を制限する**アクセス制御機能**、障害が発生したときに矛盾のない状態に回復できる機能などがある。それぞれに高度な処理が必要で、これらの機能をソフトウェアごとに開発することは現実的ではない。ほとんどの場合、データベース管理システムが使われる。

（3）データベースの多義性
　本節のはじめに、データベースという用語が多様な意味をもつことを述べた。最も広義のデータベースは、電子化されていないものも含む。本節 **(1)** で取り上げた職業別電話帳のほか、新聞の切り抜きを貼り付けたノートや、家計管理のためにレシートをため込んだものもデータベースといえる。コンピュータ上に構築したデータベースに絞っても、いくつかのとらえ方ができる。図12-3のような検索システムを考える。

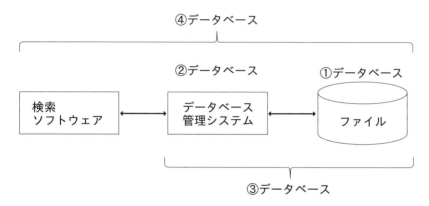

図12-3　データベースの多義性

　検索ソフトウェアが、データベース管理システムを使って、データの検索を行う。このとき、蓄積されたデータの集合をデータベースという（図12-3①）。本節 **(2)** では、データベースをこの意味で用いた。次に、データベース管理システムをデータベースと呼ぶことがある（図12-3②）。たとえば、Webに関する話題でデータベースという用語が用いられるとき、データベース管理システムを指していることが多い。また、データベース管理システムと、管理するデータの両方を指してデータベースと呼ぶこともある（図12-3③）。最後に、情報を検索できるシステム全体もデータベースである（図12-3④）。この意味での例として、文献検索のデータベースが挙げられる。大学図書館のWebサイトを見ると、学術情報や各種資料の「データベース」を提供していたり、外部の「データベース」へのリンクが設置されていたりする。このように、文脈によって意味が異なることに注意する必要がある。

2. リレーショナルモデル

（1）リレーション

　本節では、**リレーショナルモデル**について解説する。リレーショナルモデルでは、データを、いくつかのデータ項目の組み合わせで表現する。たとえば、学生のデータであれば、データ項目として、名前、性別、所属学部が考えられる。ここで、あるデータ項目が取り得る値の集合を、**ドメイン**（domain）という。名前のドメインは、考え得るすべての名前の集合である。性別のドメインを集合の表記法で示せば、{ 男，女 } である。所属学部のドメインは、考え得る学部の集合である。各データ項目に具体的な値を当てはめれば、（佐藤，男，理学部）や（鈴木，女，工学部）のようにデータを表現できる。リレーショナルモデルは、このようなデータの集合として、現実世界のデータを表現する。たとえば、次のような集合が考えられる。

R_a = {　（佐藤，男，理学部），（鈴木，女，工学部）　}
R_b = {　（佐藤，男，理学部），（鈴木，女，工学部），
　　　　　（高橋，女，工学部），（田中，女，理学部）　}
R_c = {　}（空集合）

　このようにデータを表現する枠組み（データ構造）、またはR_a〜R_cのように具体的な値を入れたものを**リレーション**（relation）という。リレーションの要素を**タプル**（tuple）という。上の例では、R_aは2つ、R_bは4つのタプルをもち、R_cはタプルをもたない。データ項目（名前や性別）を**属性**（attribute）という。リレーションの構造を規定している情報（含まれる属性やそのドメイン）を、**リレーションスキーマ**（relation schema）という。

　データベースの運用に伴って、タプルは追加、削除、変更されるが、リレーションスキーマは意図的に変更しない限り変わらない。リレーションスキーマの意味でリレーションという用語が使われることも多い。リレーションは、**テーブル**（表形式）で表現すると分かりやすい。R_bをテーブルで表現した例を図12-4に示す。テーブルの上に書かれた「学生」はリレーションの名前である。テーブルの最上段は属性の名前であり、その下の各行が1つのタプルである。リレーションは集合であるため、行の並び順は意味をもっていない。

学生

名前	性別	所属学部
佐藤	男	理学部
鈴木	女	工学部
高橋	女	工学部
田中	女	理学部

図12-4　リレーションR_bのテーブル表現

（2）リレーションの演算

　リレーションは、1つのタプルが1件のデータを表している。たとえば、図12-4の「学生」リレーションにおける1行目のタプルは、名前が「佐藤」、性別が「男」、所属学部が「理学部」である1人の学生を表す。ここでは簡素化のため、同名の学生がいないことを前提としている[1]。このリレーションから、所属学部が「理学部」である学生のデータを取

---

1)　正確には、名前、性別、所属学部がすべて同じ複数の学生がいないことを前提としている。

り出したいときは、そのような条件を指定して問い合わせを行えばよい
（図12-5）。

名前	性別	所属学部
佐藤	男	理学部
鈴木	女	工学部
高橋	女	工学部
田中	女	理学部

名前	性別	所属学部
佐藤	男	理学部
田中	女	理学部

所属学部が「理学部」
のタプルのみ

図12-5　選択の例

　じつはこれは、リレーションに対して**選択**と呼ばれる演算を行った結
果である。選択を行うと、リレーションから条件に一致するタプルのみ
を取り出すことができる。リレーショナルモデルでは、8つの演算が定
義されている。いずれの演算も、**リレーションに対する演算結果はリ
レーション**である。そのため、演算結果のリレーションに対して、さら
に別の演算を行うことができる。ここでは、特によく用いられる3つの
演算－射影・選択・結合－を紹介する。

　射影（projection）は、リレーションの特定の属性のみを抜き出す演
算である。図12-6に、射影演算の例を示す。左上のリレーションから
所属学部のみを抜き出すと右上のリレーションが得られ、性別と所属学
部のみを抜き出すと下のリレーションが得られる。リレーションは集合
であるため、重複するタプル（すべての属性値が同一のタプル）は存在
しない。射影演算の結果にも重複するタプルは現れない。

名前	性別	所属学部
佐藤	男	理学部
鈴木	女	工学部
高橋	女	工学部
田中	女	理学部

所属学部のみ

所属学部
理学部
工学部

性別と所属学部のみ

性別	所属学部
男	理学部
女	工学部
女	理学部

図12-6　射影の例

　選択（selection）は、リレーションから条件を満たすタプルのみを抜き出す演算である。選択演算の例は、図12-5に示した。

　結合（join）は、条件に基づいてリレーションを結びつける演算である。演算対象となる2つのリレーションからタプルを1つずつ取り出し、条件に合致した場合、それらを合わせたものを新しいタプルとする。図12-7に示す2つのリレーション「学生」と「学部」を考える。

学生

名前	性別	所属学部
佐藤	男	理学部
鈴木	女	工学部
高橋	女	工学部
田中	女	理学部

学部

学部名	学部長名	定員
理学部	山本	120
工学部	渡辺	120
文学部	伊藤	85

図12-7　リレーション「学生」と「学部」

名前	性別	所属学部	学部名	学部長名	定員
佐藤	男	理学部	理学部	山本	120
佐藤	男	理学部	工学部	渡辺	120
佐藤	男	理学部	文学部	伊藤	85
鈴木	女	工学部	理学部	山本	120
鈴木	女	工学部	工学部	渡辺	120
鈴木	女	工学部	文学部	伊藤	85
高橋	女	工学部	理学部	山本	120
高橋	女	工学部	工学部	渡辺	120
高橋	女	工学部	文学部	伊藤	85
田中	女	理学部	理学部	山本	120
田中	女	理学部	工学部	渡辺	120
田中	女	理学部	文学部	伊藤	85

図12-8　リレーション「学生」と「学部」の直積

　リレーション「学生」と「学部」を何も条件をつけずに結合する[2]と、図12-8のリレーションが得られる。演算結果のリレーションに含まれるタプルの数は、それぞれのリレーションからタプルを1つずつ取り出す組み合わせの数、つまり演算対象となるリレーションのタプル数を掛け合わせた数である。リレーション「学生」には4つ、リレーション「学部」には3つのタプルがあるため、演算結果のリレーションは、$3 \times 4 = 12$のタプルをもつ。演算結果のリレーションの属性は、それぞれのリレーションがもつ属性を合わせたものである。図12-8の演算結果のリレーションの属性は、左から3列がリレーション「学生」から来ており、残りの3列がリレーション「学部」から来ている[3]。このような条件をつけない結合は、リレーショナルモデルの8つの演算のうちの1つで、**直積**（direct product）と呼ばれる。

2)　すべての組み合わせが必ず条件に合致すると考えて結合する。
3)　リレーショナルモデルでは、属性の順番（左や右）も意味をもたない。

　ここで、リレーション「学生」と「学部」を統合する意図は、学生のデータと、その学生が所属する学部のデータを結び付けることである。つまり、意味のあるデータを得るためには、「所属学部」属性と「学部名」属性が等しいことを条件として、リレーションを結合する。すると、図12-9のようなリレーションが得られる。この結果より、たとえば、佐藤が所属する学部の学部長名が山本であることが分かる。

名前	性別	所属学部	学部名	学部長名	定員
佐藤	男	理学部	理学部	山本	120
鈴木	女	工学部	工学部	渡辺	120
高橋	女	工学部	工学部	渡辺	120
田中	女	理学部	理学部	山本	120

図12-9　リレーション「学生」と「学部」の結合

　直積は結合の特別な場合と考えることができる。また、結合は直積と選択の組み合わせで実現できることも分かる。2つのリレーションを結合した結果のリレーションと、さらに別のリレーションを結合することにより、3つ以上のリレーションを結合することができる。

　はじめから図12-9のようなリレーションにしておけば、結合をしなくてもよい。しかし、このようなリレーションは、データが冗長になったり、不整合を起こしたりする原因となる。たとえば、図12-9のリレーションでは、理学部の学部長名が山本であるというデータが重複して格納されている。これは冗長であるだけでなく、学部長が変わった際の修正漏れなどによって不整合を起こす可能性がある。また、学生のデータがない文学部のデータは、リレーションに現れていない。文学部のデータだけでは格納できないか、格納するとしても不自然な方法にならざるを得ない。図12-7のようにリレーションを分解しておけば、こ

れらの問題は起こらない。リレーションを適切に分解するためには、**正規化**（normalization）と呼ばれる手順を踏めばよい。正規化とは、情報の損失が起こらないようにデータの重複を排除する手法であり、その理論が整備されている。

（3）リレーショナルデータベース

　リレーショナルモデルに基づき設計されたデータベースが**リレーショナルデータベース**（relational database）であり、リレーショナルデータベースを構築・運用できるデータベース管理システムが**リレーショナルデータベース管理システム**（relational database management system；**RDBMS**）である。RDBMSの利用者は、**SQL**と呼ばれる言語を用いて、データベースの管理を行う。データベースの管理とは、データを格納する枠組みの定義、データの操作、データへのアクセス権の設定などの作業である。データの操作には、データの追加、読み出し、更新、削除が含まれる。これら4つの機能は、英語のCreate、Read、Update、Deleteの頭文字を取って**CRUD**（クラッド）と呼ばれる[4]。SQLでは、リレーション（後述の通り「テーブル」）に対して演算を行った結果を読み出すことができる。リレーショナルモデルでは8つの演算が定義されているが、実システムでは、射影、選択、結合の3つの演算だけで足りることが多い。

　RDBMSで構築・管理できるデータベースと、リレーショナルモデルは、いくつかの点で異なる。リレーションには重複するタプルは存在しないが、実用上は重複を許した方が都合のよいことが多い。そこで、SQLではタプルの重複を許し、これを**マルチ集合**（multiset, multi-set）と呼んでいる。このほかにも、リレーショナルモデルとSQLでは、

---

4)　データベースだけで用いられる用語ではない。

いくつかの違いがある。用語も異なり、リレーショナルモデルにおけるリレーションは、SQLでは**テーブル**（table）である。また、タプルは**行**（row）、属性は**列**（column）と呼ばれる。

3. まとめ

　本章では、データベースとリレーショナルモデルの基礎を学んだ。データを整理して蓄積し、再利用できるようにしたものがデータベースである。データベースを作るときは、データをどのように表現して、どのように利用するかを決める必要があり、その枠組みをデータモデルと呼ぶ。本章では、最も広く使われているデータモデルである、リレーショナルモデルについて解説した。リレーショナルモデルは、データを属性の組み合わせで表現する。データがもつそれぞれの属性に具体的な値を入れたものがタプルであり、1つのタプルが1件のデータを表す。タプルの集合がリレーションである。リレーションに対して、射影、選択、結合という演算を行うことができる。1つの大きなリレーションですべてのデータを表現するのではなく、リレーションを分解し、1つのリレーションには1つの事柄に関するデータを格納する。そして、必要に応じて、それらのリレーションを結合して利用する。現在の情報処理システムは、多くの場合、リレーショナルモデルを基にしたリレーショナルデータベースが用いられている。

参考文献

[1] 増永良文『リレーショナルデータベース入門［第3版］』サイエンス社, (2017).

演習問題

12.1 次の2つのリレーションについて、(1)～(4)の演算を行った結果を答えよ。

a	b
1	2
2	2
2	3

c	d
1	1
2	3
3	3

(1) 左のリレーションに対する、属性aのみを抜き出す射影演算。

(2) 左のリレーションに対する、属性bの値が属性aの値より大きいという条件での選択演算。

(3) 2つのリレーションに対する、属性bの値と属性cの値が等しいという条件での結合演算。

(4) (3) の演算結果に対する、属性aと属性dのみを抜き出す射影演算。

12.2 ある大学の部活では、図12-4に示したリレーションスキーマで部員のデータを管理しているとする。所属学部のみを抜き出す射影演算を行うとき、演算結果のリレーションに重複するタプルが現れない方が都合のよい場面を考えよ。逆に、重複するタプルがそのまま現れた方が都合のよい場面はあるだろうか。

13 | ソフトウェアの開発

森本 容介

《目標＆ポイント》 高品質な情報処理システムを効率的に開発するためには、相応の手順に従い、適切な進行管理を行う必要がある。本章では、ソフトウェアの開発工程、データベースの設計、プロジェクトマネジメントについて、簡単に解説する。
《キーワード》 ウォーターフォールモデル、アジャイル開発、E-Rモデル、プロジェクトマネジメント

1. ソフトウェアの開発工程

　第10章では、プログラミングの手順を解説した。本章では、業務として開発するような、規模の大きなソフトウェアについて考える。個人で作るソフトウェアと、業務で作るソフトウェアに違いはあるだろうか。研究用のプログラムや、日常作業を省力化するためのプログラムなどは、個人の問題解決を目的としており、ソフトウェアの開発者が利用者となる。一方で、大規模なソフトウェアは、開発者と利用者が異なることが多い。利用者が必要とするソフトウェアの開発をIT企業が請け負う形態を、**受託開発**という。利用者とは一般的には企業で、ユーザ企業などと呼ばれる。受託開発では、開発者であるIT企業と利用者であるユーザ企業が異なる。独立行政法人情報処理推進機構による2020年の調査によれば、調査対象のIT企業のうち80％以上が受託開発を行っ

ており、最も多い事業内容であった[1]。次に、大規模なソフトウェアを
1人で開発することは不可能で、複数の人が関わる共同作業となる。設
計と実装で担当者が異なることや、受注した企業が、その開発業務の一
部を別の企業に委託することもある。また、個人的なソフトウェアであ
ればプログラムだけ作ればよいかもしれないが、業務で作るのであれ
ば、設計書や利用者向けのマニュアルなどが求められる。さらに、受託
開発であれば、期限や予算が定められている点なども異なる。このよう
な状況で無計画に開発を行えば、ソフトウェアの品質や納期などに重大
な影響を及ぼすことは想像に難くない。規模の大きなソフトウェア開発
には、相応の開発方法や進行管理が必要となる。

　本章では、ソフトウェアの開発工程を概観する。大きな視点から見る
と、ソフトウェアの開発は、要求分析・定義、設計、実装、テストとい
う4つの工程に分けることができる。

要求分析・定義

　第10章の第2節における「問題の把握」、および「問題のモデル化」
の一部を含む、ソフトウェア開発の最初の工程である。規模の大きいソ
フトウェアで、しかも開発者と利用者が異なると、何を作るのかを決め
ることが困難なことがある。利用者（利用予定者）は業務に何らかの問
題を抱えており、それを解決するためにソフトウェアの開発を依頼す
る。しかし、利用者は必ずしもITの専門家ではないため、ソフトウェ
アの仕様を具体化できていないことや、開発者に適切に伝えられないこ
とがある。一方で、開発者はITの知識は豊富であるが、ソフトウェア
が対象とする業務に関する知識が不足していることがある。たとえば、

---

1)　独立行政法人情報処理推進機構 社会基盤センター『IT人材白書2020　今こそ
DXを加速せよ　～選ばれる"企業"、選べる"人"になる～』

会計の知識がないと、会計ソフトウェアに必要な機能を考えることは困難である。利用者の要求を把握し、ソフトウェアが満たすべき仕様を定める工程が「**要求分析・定義**[2)]」である。

　要求定義に誤りや不十分な点があると、それ以降の工程を正しく行っても、満足のいくソフトウェアは得られない。要求定義をもれや矛盾のないように実施することは非常に重要であるが、難度の高い工程でもある。要求定義のためには、開発者が利用者に聞き取りをし、図解を併用したりしながら意識あわせを行う。このとき、ソフトウェアの試作品（**プロトタイプ**）を作成することがあり、特にユーザインタフェースに対して有効である。実際に動作する（ように見える）ソフトウェアを作成し、利用者に触ってもらうことで、利用者は開発するソフトウェアのイメージがわき、より的確に要求を伝えることができる。

　ソフトウェアには、**デスクトップアプリケーション**、デスクトップアプリケーションからサーバの機能を呼び出す**クライアントサーバシステム**、クライアントサーバシステムの一形態である**Webアプリケーション**などさまざまな形態がある。汎用的なOS上で動作するソフトウェアだけでなく、家電製品や産業用機器を制御するためのソフトウェアや、スマートフォンのアプリ（アプリケーション）などの形態もある。

---

2)　「要件定義」とも呼ばれる。また、要求定義と要件定義を異なる工程とする考え方もある。開発工程や開発手法には多数の類似概念・用語があるが、本章では厳密さにはこだわらず、代表的な用語で解説する。

　要求定義の工程では、ソフトウェアの形態、ソフトウェアを使った作業の流れ、使用するデータの種類などを規定する。

　ソフトウェアが正しく動作するとしても、処理に時間がかかりすぎたり、操作が難しすぎたりすれば有用ではない。機能面の要求を**機能要求**（functional requirement）、機能面以外の要求を**非機能要求**（non-functional requirement）という。非機能要求の例として、次のような項目が挙げられる。

- 処理の速さ
- 操作のしやすさ
- 操作の誤りづらさ
- 操作を誤ったときの安全性
- 後々の機能追加・変更のしやすさ
- 動作環境（OSやデータベース管理システムなど）が変わったときの移行の容易さ

　要求定義においては、機能要求だけではなく、非機能要求も盛り込むことが重要である。

設計

　どのようなソフトウェアを開発するかが決まれば、次は設計を行う。規模の大きなソフトウェアでは、始めから詳細な設計を行うのではなく、大きな部分から徐々に細かい部分へと設計を詳細化させるとよい。また、全体をいくつかの部分に分けることができれば、全体の見通しがよくなり、開発の効率化や高品質化が期待できる。全体を1つのシステムと見たときに、分割した部分をサブシステムなどという。設計では、次の工程である実装（プログラミング）が行える程度まで仕様を詳細化

する。設計は、大きく外部設計と内部設計に分けることができる。

　外部設計では、開発するソフトウェアと外部とのインタフェースを設計する。ここでの外部とは、ソフトウェアの利用者や、他のソフトウェアなどである。具体的には、次のような項目を設計する。
ソフトウェアの実現方法：ハードウェアやネットワークの構成、使用する既存のソフトウェアなどを決定する。
ソフトウェアの構成・構造：サブシステムへの分割方法、サブシステムの機能、サブシステム同士の連携方法などを設計する。
ユーザインタフェース：利用者がソフトウェアを使うための画面を設計する。
データベース：ソフトウェアが使用するデータを整理し、データベースを設計する。

　内部設計では、外部設計で定めた仕様の実装方法を設計する。たとえば、サブシステムをさらに小さい単位に分割し、それらの機能と処理の流れを設計する。また、性能や扱いやすさを考慮して、データベースをデータベース管理システム上に実装する方法を決定する。外部設計はプログラミングを意識しないで行う設計、内部設計は意識して行う設計ともいえる。

　設計の工程を外部設計と内部設計に分けたとき、要求分析・定義と外部設計を**上流工程**、内部設計から後を**下流工程**と呼ぶ。ソフトウェアの利用者は、必要なソフトウェアが正しく動作すれば、その実装方法には関心をもたなくてもよい。上流工程は利用者と開発者が協力して作業を進める工程、下流工程は開発者のみで作業を進める工程である。

実装

この工程では、設計に基づき、ソフトウェアを開発する。第9章で説
明した通り、ソフトウェアを作成するためにはプログラミングを行わな
ければならない。プログラミングとは、何らかのプログラミング言語を
用いて**ソースコード**を記述することであり、ソースコードを保存した
ファイルを**ソースファイル**という。ソースファイルの実体はテキスト
ファイルであるため、テキストエディタを用いてソースコードを記述で
きる。記述したソースコードは、コンパイラ方式であれば、コンパイル
し機械語に変換したあとで実行する。ソースコードの行数が100行に満
たないような小さなプログラムでも、一度で正しく記述できることはま
れである。文法が間違えていればコンパイル時にエラーが起こり、機械
語のプログラムは出力されない。また、文法的には正しいソースコード
で、コンパイルはできたとしても、意図通りに動作しないこともある。
このようなプログラムの欠陥のことを、**バグ**（bug）という。バグを取
り除く作業を**デバッグ**（debug）、デバッグを支援するソフトウェアを
デバッガ（debugger）という。デバッガを用いれば、プログラムを少
しずつ実行したり、実行中の変数の値を参照したりできる。

このように、ソフトウェアの実装には、テキストエディタ、コンパイ
ラ、デバッガなどのツールを使用する。これら個別のツールを組み合わ
せて使うのではなく、統一感のあるインタフェース上で開発作業が行え
れば便利である。そのような開発用ソフトウェアも提供されており、
IDE（Integrated Development Environment；**統合開発環境**）と呼ば
れる。

テスト

　作成したソフトウェアが正しく動作するかをテストする。テストに合格すれば、利用者に引き渡される。

2. ソフトウェアの開発モデル

　前節で解説したソフトウェアの開発工程は、一般的に先頭から順番に実行される。つまり、要求分析・定義、設計、実装、テストの順に開発が行われる。それぞれの工程で成果物（設計書など）が生成され、それを基に次の工程を行う。上流から下流に水が流れるように進められることから、このような開発モデルを**ウォーターフォールモデル**（waterfall model）[3] と呼ぶ（図13-1）。

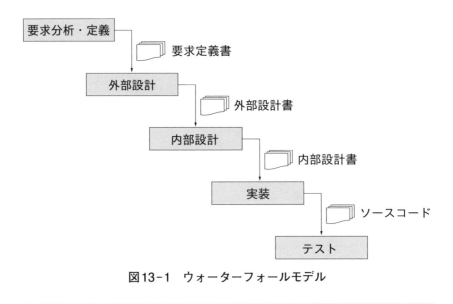

図13-1　ウォーターフォールモデル

---

3)　ウォーターフォール（waterfall）は、滝・落水を意味する。

　ウォーターフォールモデルは進捗管理が行いやすく、大規模なソフト
ウェアの開発に向いているとされる。それぞれの工程にテストを対応さ
せ、図13-2のように整理することもできる。

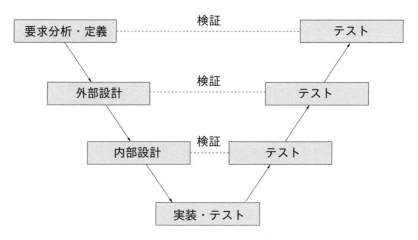

図13-2　ウォーターフォールモデルとテスト

　前節で実装の工程として説明したデバッグが、最も下のレベルのテス
トである。内部設計と外部設計に対応するテストは、それぞれの設計通
りに開発できたかを検証するテストである。要求分析・定義に対応する
テストは、受け入れテストなどと呼ばれる、ソフトウェアの納入（納
品）を受けて発注者（利用者）が行うテストである。実装段階のテスト
で見つかる問題はプログラミングのミスであり、容易に修正できる。一
般的に、より後のテストで見つかる問題ほど、修正に手間がかかる。

　ウォーターフォールモデルは、ある工程の成果物を持って次の工程に
進み、工程を後戻りしないことを前提としている。前工程に誤りが見つ

かり後戻りが生じると、進捗に大きな影響を及ぼす。そこで、プロトタイプを作って要求分析・定義の質を高める、サブシステムごとにウォーターフォール型の開発を行って徐々に全体の完成度を高めていく、などの工夫が行われている。

　ソフトウェア開発の初期段階で、正確な要求定義を行うことが困難なことも多い。すべての機能をもれなく挙げることが難しかったり、完成品のイメージがつかみづらく具体的な要求を出しづらかったりすることもあれば、開発の途中で**要求が変化**することもある。要求が変化するとは、社会環境、市場環境、情報技術などの変化に追随したり、業務のやり方を改善したりするためにソフトウェアの仕様を追加・変更することである。ウォーターフォール型の開発では、要求の変化に対応しづらい。要求の変化に適応しながら、迅速にソフトウェアを開発するために、**アジャイル開発**（agile software development）と呼ばれる手法が用いられている。アジャイル開発とは、「ウォーターフォールモデル」のような特定の開発モデルではなく、さまざまな開発手法の総称である。分析、設計、実装、テストといった開発工程を短い期間で繰り返し、ソフトウェアを発展させていくことを特徴とする。代表的なアジャイル開発手法として、エクストリームプログラミング（Extreme Programming）やスクラム（Scrum）が挙げられる。

3. データベースの設計

　情報処理システムは何らかの形でデータを扱っており、その管理にデータベースを使用することができる。特に、Webアプリケーションや、企業や官公庁における業務用ソフトウェア（**基幹システムや業務システム**などと呼ばれる）は、ほとんどがデータベースを使っていると

いってよい。

　リレーショナルデータベースを使うなら、データはテーブルとして
RDBMS上に実装される。リレーショナルデータベースの設計には、
E-Rモデル（entity-relationship model）が用いられることが多い。
E-Rモデルでは、対象としているデータを、**実体**（entity）・**関連**
（relationship）・**属性**（attribute）という要素を使ってモデル化する。
実体とは、モデル化する対象物である。たとえば、映画館で上映される
映画をモデル化するのであれば、「映画館」、「映画」、「映画監督」など
が実体となり得る。関連とは、実体間の関係である。たとえば、「映画
監督」は「映画」を「監督」するという関係があり、「映画館」は「映
画」を「上映」するという関係がある。このときの「監督」と「上映」
が関連である。属性とは、実体と関連が持つデータ項目である。実体
「映画館」の属性としては、「名称」、「所在地」、「電話番号」などが考え
られる。関連「上映」の属性としては、上映の「開始日」や「終了日」
などが考えられる[4]。E-Rモデルによる設計は、**E-R図**（entity-
relationship diagram）によって表現できる。E-R図にはいくつかの表
記法があるが、そのうちの1つを使った例を図13-3に示す。

4）「上映」も出来事を表す実体ととらえ、関連には属性をつけないという考え方
もある。

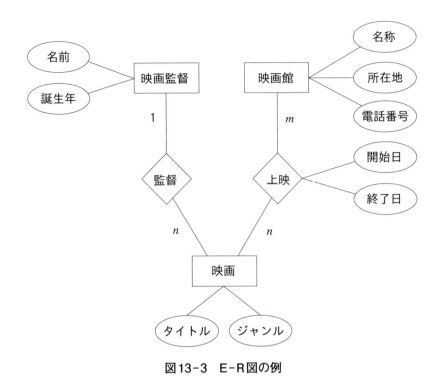

図13-3　E-R図の例

　この表記法では、実体を四角、関連をひし形で表記する。属性は楕円で表記し、実体または関連と線で結ぶ。実体と関連を結ぶ線に記された記号は、関連によって結びつけられる実体間の数の対応関係を表している。この例では、映画館と映画は m : n の対応である。つまり、1つの映画は複数の映画館で上映され、1つの映画館は複数の映画を上映する。映画監督と映画は1 : n の対応とした。1つの映画は1人の映画監督によって監督され、1人の映画監督は複数の映画を監督する。複数人の映画監督で1本の映画を監督することもあり得るのであれば、m : n の対応にする。

　E-Rモデルにおける実体や関連が、リレーショナルデータベースの
テーブルとなる。ソフトウェア開発のどの工程でどのような作業を行う
かはさまざまな考え方があるが、一般的には初めから詳細なE-R図を
作るのではなく、開発の工程に応じて徐々に詳細化していく。その過程
で、1つの実体を2つに分けたり、属性を増やしたりといったことが行
われる。ソフトウェアが対象としているデータ全体を見渡してデータ
ベースを設計すれば、データの重複や漏れが発生する可能性を軽減でき
る。なお、実際のソフトウェアの開発現場では、より実務的なE-R図
の表記法を採用していることが多いと思われる。

4. プロジェクトマネジメント

　決められた期間内に高品質のソフトウェアを開発するためには、開発
工程全体を適切に管理することが必要である。たとえば、複数の人が関
わるソフトウェア開発では、個別の進捗状況を把握するためにも工夫が
必要で、全体としてどれくらい進んでいるのかも見えづらい。気づいた
ときには納期に間に合わないという状況が起こり得る。また、新しい技
術を使った開発では、開発者が技術を習得するのに予想以上に時間がか
かったり、開発初期には分からなかった制約が見つかったりといった問
題が起こることがある。これらの不都合ができるだけ起こらないように
注意し、起こってしまったときは適切に対処することが重要である。ソ
フトウェア開発の全体を**プロジェクト**（project）ととらえ、それを適
切に管理する活動を**プロジェクトマネジメント**（project management）
という。プロジェクトマネジメントを行う人、または職種を**プロジェク
トマネージャ**（project manager）という。プロジェクトマネージャの
仕事を簡単にいえば、計画を立て、計画通りに進んでいるかを監視し、
問題があれば対処することである。たとえば、次のような観点からプロ

ジェクトマネジメントを行う。

スケジュール管理

　開発工程を細かく分け、その順番と、それぞれの工程に要する時間を考える。時間を見積もるためには、作業要員や開発機材なども考慮しなければならない。作業要員に関しては、どれくらいのスキルをもった要員が何人くらい確保できるかを考慮する。特別な開発機材を使うのであれば、その準備状況の考慮が必要である。計画を策定し、ガントチャートなどを使って計画通りに進んでいるかを管理する。スケジュールに遅れが出てからの対応は困難なことも多いため、問題が起こる兆候をとらえ、できるだけ初期に対応することが重要である。

予算管理

　ソフトウェア開発に要する費用（人件費や購入するハードウェア、ソフトウェアの代金など）を見積もり、予算内で開発できるように管理を行う。ソフトウェア開発に要する費用は、ソフトウェアの規模、求められる性能、開発期間などの影響を受ける。一般に、開発費の見積もりは、開発工程の後半に進むほど正確になる。要求分析・定義を行う前の見積もりと内部設計を行った後の見積もりでは、後者がより正確なことは明らかであろう。開発工程に応じた見積もり技法やツールが提案されている。開発費用を適宜見直し、予算内に収まるように調整する必要がある。

品質管理

　開発するソフトウェアの品質を高める活動を行う。利用者にとって満足のいくソフトウェアができれば品質が高いといえるが、指標としては

バグが少ないことや非機能要求を満たしていることなどが挙げられる。テスト工程は、品質を保証するための工程であるといえる。前述の通り、より後のテストで見つかる欠陥ほど、つまり開発工程の前半で発生した欠陥ほど、修正に手間がかかる。テストによって発見、修正するよりも、欠陥の発生を予防する方が効率がよい。各工程の途中で、品質を確認する作業を行うことが重要である。作業を担当していない人が確認することにより、本人が気づきづらい欠陥に気づくことも多い。工程における成果物（各種の文書やソースコード）を確認する作業をレビュー（review）という。レビューには、参加者や方法によってウォークスルー（walkthrough）やインスペクション（inspection）などがある。

5. まとめ

本章では、規模の大きなソフトウェアの開発手順や、進行管理について学んだ。ソフトウェアの開発というとプログラミングが思い浮かぶが、プログラミングは全体の一部でしかない。ソフトウェアの開発工程は、要求分析・定義、設計、実装、テストの4つに分けることができ、これらの工程を順番に行うことにより、ソフトウェアが開発される。この場合、前工程に誤りが見つかったり、途中でソフトウェアへの要求が変化したりすると、開発の進捗に大きな影響を及ぼす。高品質なソフトウェアを効率的に開発するため、さまざまな手法が提案されている。同時に、適切な進行管理も不可欠である。ソフトウェア開発の計画を立て、進捗管理や問題への対応を行う活動をプロジェクトマネジメントという。データベースを使用するソフトウェアも多いことから、E-Rモデルによるリレーショナルデータベースの設計も学んだ。E-Rモデルは、リレーショナルモデルとの親和性が高いため、リレーショナルデータベースの設計に広く用いられている。なお、本章で取り上げたような

ソフトウェアの開発を対象とした学問分野を、ソフトウェア工学
（software engineering）という。

参考文献

[1] 中谷多哉子・中島震『ソフトウェア工学』放送大学教育振興会，（2019）.
[2] 増永良文『リレーショナルデータベース入門［第3版］』サイエンス社,（2017）.

演習問題

13.1 次の文は、インターネットショッピングを実現するソフトウェア
に対する要求である。このうち、非機能要求をすべて選べ。

①データベースから読み出した税抜き価格から税込み価格を計算
し、画面に表示すること。
②消費税の税率が変わったとき、ソフトウェアを容易に修正でき
ること。
③利用者はマニュアルを読まずに注文できること。
④注文ボタンが押されてから、2秒以内に受注処理を終えること。
⑤商品の注文を受け付けたときは、運営者にメールで知らせる
こと。

13.2 次の文の空欄に最もよく当てはまる語句をそれぞれ答えよ。

ソフトウェアの開発工程は、大きく要求分析・定義、（　①　）、
実装、（　②　）の4つに分けられる。これらの工程を先頭から

順に行う開発モデルを（　③　）モデルという。（　③　）型の開発は、要求の変化に対応しづらい。要求の変化に適応しながら、迅速にソフトウェアを開発する手法を総称して（　④　）開発という。

13.3 一般的な大学を想定して、以下のE-R図に1：1、n：1（1：n）、m：nのいずれかの対応関係を加えよ。

(1)

(2)

(3)

14 | データの活用

大西 仁

《目標＆ポイント》 データから有用な知見を引き出すことは、学術研究やビジネス課題の解決において重視されている。これらの活動において、データがどのように処理され活用されるかについて説明する。

《キーワード》 データ、予測、分類、構造化データ/非構造化データ、1次データ/2次データ、尺度水準、データの質・価値、分布、記述統計量

1. データ活用

（1）データ活用の必要性

2010年前後から、データ分析、IoT（Internet of Things＝モノのインターネット）、機械学習、人工知能等のキーワードが社会的に注目を集めている。これらはいずれもデータを数理的に処理してビジネス等に活用することを目指している。このようなアプローチは**データサイエンス**と呼ばれている。データ活用が注目されているのは、技術の発展と技術を容易に使用できる環境が整ってきたという技術的背景に加え、データを活用して生産性の向上と経営の効率化を図らなければ企業は生き残れないという社会的背景があるからである。

（2）データとは何か

データとその活用が重要視されているが、なぜデータが役立つのであろうか？　そもそもデータとは何であるかという定義から始めよう。

データとは一般的には事実や資料のことである。第9章で説明したようなコンピュータの動作のレベルでは、データとはコンピュータの処理の対象となる事実や条件等を表す数値、文字、記号のことを指す。本章のテーマであるデータの活用という文脈では、推論の基礎となる事実と資料ということである。

　たとえば、ある店において日々売れた品物の種類、数量、単価は、次にどの品物をどれだけ仕入れて、いくらで売るかを決めるための基礎となる。学力テストの得点は受験者の学力を推測するための基礎となるし、記述式のテストの答案は受験者がどこを理解していないかを推測するための基礎となる。医療画像は疾病の有無を判断するための基礎となる。

　これらはみな推論の基礎となる事実と資料という意味でデータである。では、なぜ推論の基礎になるのであろうか？　それは、適切に取得されたデータは現象やその背後にあるメカニズムを反映するからである。たとえば、ある店において日々売れた品物の種類と数量はその店の客の購買行動を反映している。過去10日の日々の品物Aの売上の数量が品物Bの2倍前後であれば、明日も品物Aは品物Bの2倍程度売れるであろうと予測し、品物の仕入れ量を決定する[1]。適切に作られた学力テストで、問題に対する正答・誤答は学習内容の理解度を反映している。ある問題に正解していれば、その単元（あるいはさらに細かい範囲）なら別の問題でも正解できる知識を有するであろうと考える。

　データの特徴や規則性を見いだす代表的な数理的手法として統計学と機械学習がある。統計学と機械学習の区別は必ずしも明確ではないが、前者は見いだした規則性の解釈が重要視されるのに対し、後者は見いだ

---

1)　仕入れ量は在庫管理の考え方に従うので、必ずしも品物Aを品物Bの2倍仕入れるという訳ではない。

した規則性を用いた予測の精度を重要視し、解釈の重要性は相対的に低い。状況に応じて適切な判断を行う人工知能は、機械学習に支えられていると言っても過言ではない。

（3）データ活用の例

　ここでは、データにより実現できる機能とそのしくみ、適用例のイメージをいくつか示す。

量の予測

　先の例で品物の売上の予測を挙げたが、売上のような量に関する予測はさまざまな領域で行われている。たとえば、電力の使用量、地域における10年後の要介護者数、降雨量や河川の水位の予測は量的な予測である。たとえば、電力の使用量ならば、過去における天候や大規模イベントの有無等と電力使用量の関係を見いだし、予測したい日の天気予報や大規模イベントの有無等からその日の電力の使用量を予測することができる。このように、予測対象とそれに影響を与える要因の過去の値から、それらの規則性を見いだし、その規則性を将来に当てはめることにより予測を行う。

分類

　検査の結果から疾病や故障の有無を判定したり、顧客の購買履歴からその顧客が特定の商品を購入するか否か判定したり、田畑の衛星画像から栽培している植物の生育状態を判定したりするのが分類である。たとえば、疾病の有無ならば、過去における検査データと疾病の有無の関係を見出し、新たな対象者の検査データからその人に疾病があるか否かを予測することができる。

　別のタイプの分類として、対象の集合を類似性に基づき部分集合に分割する方法もある。たとえば、ある商品の評判に関する多数の文書を類似性に基づき分類することにより、すべての文書を読まなくても、その商品のどの側面にどのような評価がされているかを知ることができる。

因果関係の推定

　症状から病因を推定したり、ソフトウェアの挙動からプログラムの誤りを推定したり、売上の好調・不調の要因やその影響の大きさを推定したりするのが因果関係の推定である。実験による因果関係の推定では、まず因果関係に関する仮説を立てる。仮説は1つではなく、因果関係がないという仮説等、第1候補以外の因果関係の候補も仮説とする。そして、「この仮説が正しければこのような結果が出るが、あちらの仮説が正しければあのような結果が出る」ような実験を行い、その結果に支持される仮説をとりあえず採択する。実験結果に支持されない仮説が正しくないことは論理的帰結であるが、立てた仮説以外にも実験結果に支持される仮説が存在する可能性がある限り、実験結果に支持される仮説が真実である保証はないので、「とりあえず」採択となる。

その他

　ロボットは、センサーで道路や障害物等の外部環境のデータ、姿勢（各関節の角度）や加速度等の内部状態のデータを収集し、制御規則に従い身体を動かす（各モータに電圧をかける）。外部環境や内部状態のデータがなければ、新たな障害物が出現したり、ロボットに人や物が触れて内部状態が乱れたときに対応することができない。自動車の自動運転の制御規則は、膨大な運転・走行データを利用して獲得される。運転時に外部環境および内部状態のデータを利用するのはロボットと同様である。

　スマートフォン等の音声アシスタント、機械翻訳等の自然言語処理では、実際に人間が話したり書いたりした表現をデータ化したコーパスを利用する。たとえば、機械翻訳であれば元の文と翻訳文の対のコーパスを利用して規則性を学習することにより、コーパスにある文そのものでなくても翻訳ができるようになる。

2. データの種類と性質

（1）データの種類

　先の例からも分かるように、データには数値、文書、記号等、さまざまな形態のものがある。このような形態以外にもさまざまな観点からデータを分類することができる。

構造化データと非構造化データ

　第12章では、データの表現法としてリレーショナルモデルを取り上げた。また、リレーションはテーブルで表現できることを説明した。リレーショナルモデルやテーブルとして表現されているデータは構造化データと呼ばれている。リレーショナルモデルで表現できないデータは非構造化データと呼ばれる[2]。日本語や英語で書かれた文書・音声・画像等は非構造化データである。

　構造化データは、リレーショナルデータベースやExcel等の表計算ソフトウェアで採用されているように集計や分析に適している。一方、文書・音声・画像には数字の羅列では得られない情報が含まれるが、非構造化データを数理的に分析するのは難しかった。しかし、非構造化データの分析技術の向上にともない、文書や画像から有益な情報を取り出す

---

[2]　両者の中間的な位置付けで、緩やかな構造をもつ半構造化データと呼ばれるものもある。

ことが可能になりつつある。

1次データと2次データ

　1次データとは、自らが調査や実験を行い取得したデータのことである。調査項目や実験方法を自分で設計するため、必要なデータを得ることができるが、調査や実験は費用や労力を要する。

　一方、2次データとは、第三者が取得したデータのことである。誰でも利用できるように公開されたデータは**オープンデータ**と呼ばれる。たとえば、日本の省庁が公表する統計データはe-Stat[3]で公開されている。e-Statでは、国土、気象、人口、労働、賃金、家計、産業等に関する統計データが公開されている。また、自治体、企業、業界団体等でさまざまなデータがオープンデータとして公開されている。2次データは、調査項目や実験方法を自分で設計する訳ではないので、必要なデータそのものが得られるとは限らないが、コストのかかる調査や実験を行うことなく取得できる。そのため、1次データと2次データをうまく使い分けることで、効率的に推論を行うことができる。

尺度水準

　データは数字の形で得られることが多い。身長や売上のように本来数値的なデータの場合もあるし、質問紙調査（アンケート）の質問に対して「1＝まったく当てはまらない」〜「5＝よく当てはまる」のように評価語に対応する1〜5の数字で回答されるデータもある。数字の形で得られたデータでも以下に説明する尺度水準により、適用できる演算や統計手法が異なる。

　名義尺度　電話番号や都道府県番号は数字を単に名前として用いている。すなわち、2つの対象に同じ数字がついていれば、それらは同

---

3)　https://www.e-stat.go.jp/（2020年9月7日閲覧）

じカテゴリーに属することを意味する。数字は異同のみが意味をもち、数字の大小に意味はない。また、四則演算を適用することもできない。

順序尺度　先に示したような質問紙調査における評価語を数字に対応したデータ、防災気象情報を指標化した警戒レベルでは、数字は異同の区別だけでなく、大小を比較できる。しかし、警戒レベル2と警戒レベル3を加えれば警戒レベル5とはならず、四則演算を適用することはできない。

間隔尺度　摂氏温度では、数字の異同の区別、大小比較に加え、数字の差が意味をもつ。たとえば、20℃から21℃への変化と30℃から31℃の変化はともに1℃の増加であると言える。また、20℃から22℃への変化は30℃から31℃の変化の2倍の変化であると言える。間隔尺度のデータには加減算とほとんどすべての統計的手法が適用できる。ただし、30℃は20℃の1.5倍というような比は意味をもたない。

比例尺度　長さ、質量、時間、絶対温度等のほとんどの物理量は、間隔尺度の性質に加え、比も意味をもつ。たとえば、2mは1mの2倍の長さである。

　間隔尺度、比例尺度のデータにはほとんどすべての統計的手法が適用可能であるが、名義尺度や順序尺度のデータに適用できる統計的手法は限定的である。特に注意が必要なのは順序尺度のデータの扱いである。先に述べたように、質問紙調査で得られるデータは多くの場合順序尺度であり、適用できる統計的手法が限定される。たとえば、馴染み深い統計量である平均さえ意味をもたない。特定の仮定の下で、データを間隔尺度として扱ったり、間隔尺度に変換して扱うことがあるが、その仮定

がもつ意味や妥当性について理解したうえで扱うべきである。

（2）データの質、価値

　不正確なデータを基に正しい推論はできない。ここでいう不正確な
データとは、黒と入力すべきを白と入力するような誤りを含むデータに
限らず、現象やその背景を適切に反映していないデータ全般のことであ
る。ここでは、新商品開発のために消費者意識に関するデータが必要
で、質問紙調査でデータを取得することを例に、データの不正確さにつ
いて考える。まず、質問の文言が適切でないと、調査者の意図が伝わら
ず、正確な回答は得られない。たとえば、特定の回答を誘導するような
文言、曖昧な文言、複雑な文章による質問では適切な回答を得られ
ない。

　必要な情報を漏れなく取得するためには、質問紙に漏れなく質問項目
を盛り込む必要がある。思いついた順に質問項目を追加していくような
行き当たりばったりなやり方では、質問項目の漏れが起こりやすい。質
問項目に漏れがあれば、推論の精度が低くなるし、調査をやり直せば余
計なコストがかかる。

　会社員全般をターゲットとする商品を開発しようとするとき、会社員
全員を対象に調査するのは現実的ではない。そこで、会社員から何人か
を調査協力者、すなわち**標本**として抽出して調査を行い、その結果から
会社員全般について推測する。調査協力者の年齢の大半が20代という
ような偏った標本であると、会社員全般の消費者意識からはかけ離れた
ものになる恐れがある。たとえば、年齢を5歳刻みや10歳刻みというよ
うに階級化し、各階級の調査協力者数をその階級の人口に比例するよう
にする等、標本に偏りがないようにする。

　同一の階級に属する人間にも個人差があり、また個人内でも回答に揺

らぎがある。調査協力者の数が十分に多ければ、すなわち標本が十分に大きければ階級の特徴を捉えることができるが、標本が小さいと階級の特徴を正しく捉えられない恐れがある。また、十分に大きな標本で調査を実施しても、実際に回答してもらえる割合（回収率）が低ければ偏りが生じる。

　データ取得の方法だけでなく、データの新しさも重要である。たとえば、10年前に消費者意識に関する調査で得たデータを基に推論して適切な結果を得られるだろうか？　10年もたてば、当時の最新製品は普通、あるいは古いものになり、それに対する消費者の意識も変化する。10年前のデータを基に新製品開発に関する推論を行うのは的外れになる恐れがある。

　このようにデータの取得には注意すべきことが多数ある。適切にデータを取得するためには、調査法の方法論に従って適切な方法で調査を行う必要がある。

3. データの分布と要約

（1）標本と分布

　データを得て最初にすべきことは、どのような値を取る対象がどれくらいあるか、すなわちデータの分布を把握することである。このステップを省略して分析を行うと、誤った結論を出したり、手戻りが発生したりする可能性があるので、最初に分布を把握することは重要である。

　たとえば、スマートフォンやテレビのリモコンのように一方の手で把持して、もう一方の手で作業する製品を設計する際、製品サイズを決める要因の1つに持ちやすさがある。ここでは簡単に、持ちやすさは製品の幅・厚さと手幅の関係で決まると仮定して考える。手の幅は個人ごとに異なるので、できるだけ多くのユーザに満足してもらえるような幅と

厚さにすることが目標となる。そのためには、どのような手幅の大きさをもった人がどれくらいいるか、すなわち手幅の分布を知る必要がある。

　グラフによりデータを可視化することにより標本の分布を理解することができる。図14-1（a）に成人男女合わせて1000人分の手幅のヒストグラムを示す[4]。このヒストグラムでは、手幅を2 mm間隔の階級で区切り、階級を横軸、各階級に属する手幅をもつ人の数（度数）を縦軸としている。

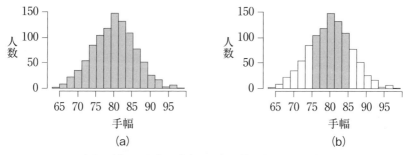

図14-1　(a) 手幅の分布、(b) 最適な使いやすさを享受できる人

　たとえば、横軸で80と表示があるのは、手幅が79 mm以上81 mm未満の階級を表していて、縦軸を見ればその度数が約150であることが分かる。すなわち、1000人のうち、手幅が79 mm以上81 mm未満の者が約150人いるということである。ヒストグラムを見ると、この80の階級の度数が最も多く、80から離れるにしたがって度数は減少している。ヒストグラムは80の階級を中心として、左右ほぼ対称の釣鐘型になっ

---

4)　https://www.airc.aist.go.jp/dhrt/hand/data/list.html（2020年9月10日閲覧）を参考に生成した架空データ。

ている。仮に、手幅は80 mmとして設計を行うと、手幅が75 mm以上85 mm以下の人にとって最適の使いやすさとなる場合、図14-1（b）の塗りつぶされた部分の度数の和である610人が最適な使いやすさを享受できる[5]。

（2）記述統計量

記述統計量は標本の分布の特徴を表す指標である。以降、大きさnの標本、たとえばn（人分）の手幅の計測値を$x_1, x_2, \cdots, x_n$として説明する。

代表値

代表値は標本の分布の中心的な位置を表す値である。代表値としては、平均、中央値、最頻値がよく知られている。**平均**$\bar{x}$は、

$$\bar{x} = \frac{x_1 + x_2 + \cdots + x_n}{n}$$

で与えられる。

中央値（メディアン）はデータを小さいものから大きさの順に並べて中央の順位に当たるデータの値である。データを小さい順に並べ替えたものを$w_1, w_2, \cdots, w_n$（$w_1 \leq w_2 \leq \cdots \leq w_n$）とするとき、$n$が奇数なら中央値は$w_{(n+1)/2}$、$n$が偶数なら中央値は$w_{n/2}$と$w_{(n/2)+1}$の平均とする[6]。

最頻値（モード）は最も多い度数を示す値である。

これら3つの代表値が分布の中心的な値を表すことは直観的であるが、これらは近い値を取ることもかけ離れた値を取ることもある。図14-1のように左右対称な分布であれば、3つの代表値は近い値になる。図

---

5) 厳密には手幅が85 mm丁度の人が含まれていないが、ここでは問題としない。
6) 順序尺度のデータでもここでは平均してよい。

14-1の分布において、最頻値は明らかに80である。平均と中央値はヒストグラムからでは正確には分からないが、元のデータから求めると、中央値が79.99、平均が79.85で、確かにほとんど一致している。

　一方、図14-2のように非対称な分布では、3つの代表値は離れた値を取る。図14-2の分布において、最頻値が2.0、中央値が3.0、平均が6.0であり、特に平均が他の代表値から離れている。たとえば、少数の人間が富を独占している国の所得は非対称な分布となり、所得が平均より小さい国民が大半になる。この場合、多くの国民が貧困であるにもかかわらず、平均所得は高いということになる。

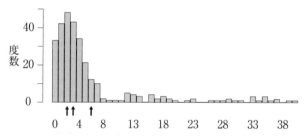

図14-2　左右非対称な分布の例。上向き矢印は左から順に最頻値、中央値、平均を指す。

　どの代表値が適切であるかは、分布の性質や何を知りたいかに依存する。先の所得の例において、多くの国民の状況を示したいなら平均より中央値の方が代表値として適切であろう。一般に、平均はその定義から分かるように、標本のすべてのデータの値が反映されており、標本を代表するという意味では直観的である。また、強力な統計分析手法を適用できて扱いやすい。一方、第2節 **(1)** でも述べたように、間隔尺度以上の尺度水準（間隔尺度および比例尺度）のデータにしか適用できな

い。また、平均は極端な値のデータによる影響を受けやすい。標本が小さいときには極端な値のデータの影響は大きくなるので、代表値の選択には標本の大きさにも注意を払うべきである。

中央値は順序に基づく値なので、順序尺度以上の尺度水準のデータに適用できる。また、極端な値のデータが含まれていてもその影響をほとんど受けない。一方、中央値は大きさの順序で中央の順位に当たるデータの値であり、標本全体の値を反映しない。たとえば、8, 9, 50, 51, 52からなる標本1と47, 48, 49, 98, 99からなる標本2を比較する。まず、標本2のほうが最大値も最小値も大きい。また、標本1の平均は（8＋9＋50＋51＋52）／5 = 34、標本2の平均は（47＋48＋49＋98＋99）／5 = 68.2で、標本2の平均の方が大きい。ところが、標本1の中央値は50、標本2の中央値は49で標本1のほうが大きい。

最頻値は頻度に基づく値なので、名義尺度のデータにも適用できる。たとえば、会社の慰安旅行の希望調査において、1. スキー、2. 温泉、3. テーマパークという選択肢が与えられて、回答として1を10人、2を30人、3を15人が選択した場合、最頻値は2である。これは社員の多くが温泉を希望していることを意味し、最頻値が代表値として機能している。なお、このデータに平均や中央値は適用できない、すなわち平均や中央値は意味をもたないということに注意されたい。最頻値は中央値と同様、極端な値のデータが含まれていてもその影響をほとんど受けない。一方、最頻値は標本（データ数）が十分大きくないと適用できない。たとえば、前の段落の標本1（と標本2）はすべて異なる値を取るので、どの値も最頻値であり意味をもたない。仮に、標本1のデータがさらに1個あったとして、その値が8であれば最頻値は8、52であれば最頻値は52となるが、このようにデータ1個で大きく最頻値が変化するのは代表値として適切ではない。

ばらつきの指標

　標本の分布の特徴として、代表値は分布の中心的な位置を表した。分布がどのように広がっているか、データがどのようにばらついているかという情報も分布の特徴を知るうえで重要である。ばらつきの指標としてよく用いられる**分散**s^2は、

$$s^2 = \frac{(x_1 - \bar{x})^2 + (x_2 - \bar{x}) + \cdots + (x_n - \bar{x})^2}{n}$$

で与えられる。なお、分母はnの代わりに$n-1$が用いられることも多い。分散はその定義から、データが平均からどれくらい離れているかを表していることが分かる。

　図14-3（a）と（b）の標本はいずれも平均は0であるが、（a）は分散が1で、（b）は分散が4である。（a）のデータは平均0付近に集中していて、ほとんどのデータが±2の範囲に収まっているのに対して、（b）のデータは広い範囲に散らばっていることが分かる。分散は元のデータの2乗の次元なので、分散の平方根である標準偏差$s = \sqrt{s^2}$をばらつきの指標として用いることもある。

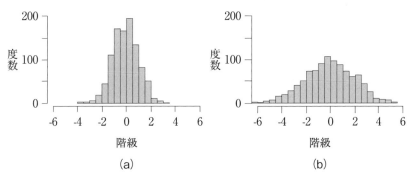

図14-3　ばらつきと分散　（a）分散＝1、（b）分散＝4

分散はその定義から分かるように、間隔尺度以上のデータにしか適用できない。順序尺度のデータのばらつきの指標としては、たとえば、最小値と最大値の差、第一四分位数と第三四分位数の差等が用いられる[7]。

2変量の関連性の指標

身長と体重の関係を考えてみよう。もちろん、身長が高くても体重が軽い人や身長が低くても体重が重い人もいるが、全体的には身長が高い人のほうが体重が重い傾向にある。このような2種類のデータの関連の強さを表す指標として相関係数がある。2種類の変量x, yからなる大きさnの標本、(x_1, y_1), (x_2, y_2), $\cdots$, (x_n, y_n) を考える。身長と体重の例であれば、(x_i, y_i) はi番目の人の身長がx_i、体重がy_iである。x, yの平均をそれぞれ$\bar{x}, \bar{y}$、分散をs_x^2, s_y^2とする。xとyの共分散s_{xy}は、

$$s_{xy} = \frac{(x_1-\bar{x})(y_1-\bar{y}) + (x_2-\bar{x})(y_2-\bar{y}) + \cdots + (x_n-\bar{x})(y_n-\bar{y})}{n}$$

で与えられる。分散の計算と同様に、分母をnの代わりに$n-1$とすることも多い。共分散はxとyの増減の対応を表している。xの値が大きい（小さい）ときyの値も大きい（小さい）という傾向があれば、共分散は正の値を取る。xの値が大きい（小さい）ときyの値は小さい（大きい）という傾向があれば、共分散は負の値を取る。いずれの傾向もないときには共分散は0に近い値を取る。

x, yの**相関係数**r_{xy}は、

$$r_{xy} = \frac{s_{xy}}{\sqrt{s_x^2}\sqrt{s_y^2}}$$

---

7) データを小さい順に並び替え、4等分したときの区切り点を四分位数という。小さい順に25パーセンタイル（第一四分位数）、50パーセンタイル（中央値）、75パーセンタイル（第三四分位数）と呼ばれる。

で与えられる。相関係数は±1の範囲の値を取り、x, yが取る値の変化（分散）の大きさとは無関係にx, yの増減の対応が分かる。相関係数が正のときには正の相関がある、負のときには負の相関があるという。

　相関係数はxとyの増減の対応であるが、より正確には直線関係を表す。図14-4に散布図を示す。$(x_1, y_1), (x_2, y_2), \cdots, (x_n, y_n)$ が点としてプロットされている。図中の直線は、最もデータが直線付近に集まるように引かれている。（a）は強い正の相関がある例で、データは明確な右肩上がりの傾向があり、ほとんどの点が直線付近にある。（b）は弱い正の相関がある、実際には相関がないと見なされることが多い例で、データは一応右肩上がりの傾向にあるが、多くの点が直線から離れた位置にある。（c）は強い負の相関がある例で、データは明確な右肩下がりの傾向があり、ほとんどの点が直線付近にある。（a）、（c）のように強い相関がある場合には、xの値からyの値を高い精度で予測できる可能性があるが、（b）のように強い相関がない場合には高い精度の予測はできない。なお、相関係数は直線関係の指標なので、直線関係でない関係について表すことができない。たとえば、データが円周上にあるとき、明らかにxとyには規則的な関係があるが、相関係数は0になる。

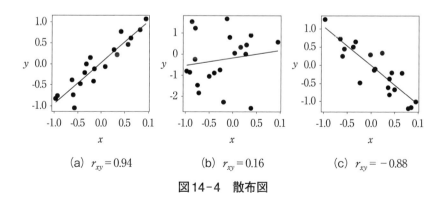

(a) $r_{xy} = 0.94$　　　(b) $r_{xy} = 0.16$　　　(c) $r_{xy} = -0.88$

図14-4　散布図

原因と結果の関係を**因果関係**という。たとえば、暑い日には清涼感のある物を飲みたくなるので、暑い日はビールの売上が大きくなるとする。これは、暑さ（気温）が原因でビールの売上が結果の因果関係の例である。気温をx、ビールの売上をyとするときxとyには正の相関があるはずである。注意が必要なのは、xとyに相関関係があるとき、xとyに因果関係があるとはただちには言えないことである。xとyに相関関係があるとき、ビールの売上の例のようにxがyの原因になっている場合、逆にyがxの原因になっている場合のほかに、xとyの共通の原因zが存在する場合がある。相関関係がこれらのいずれから生じているかは相関係数だけからは判断できず、現象の背景まで考えて判断する必要がある。たとえば、体重が重いことが身長を高くする原因になるとは考え難い。身長が高ければ身体を支えるため体重が重くなることはあるかもしれないが、身長を原因と考えるより、身長と体重の共通の原因として体格があると考えるほうがもっともらしいと思われる。相関係数は因果関係発見の手がかりにはなるが、因果関係があると断定するには慎重に考察する必要がある。

相関係数は、その定義から分かるように、間隔尺度以上の尺度水準のデータにしか適用できない。2変量の関連性の指標として、順序尺度のデータにも適用できる順位相関係数、名義尺度のデータにも提供できる連関係数等がある。

4. まとめ

本章では、データ活用の概要、データの種類と取り扱いの注意点、記述統計量について説明した。データから有益な知見を引き出すということを少しでもイメージできると、今後の学習が円滑になると思われる。データを活用するためには、数理的内容についてだけではなく、何かを

判断するにはどのようなデータを取得する必要かあるかといった調査や
実験の論理、特定分野への具体的な応用についても知っておくことが重
要である。

参考文献

［1］岩崎学『事例で学ぶ！あたらしいデータサイエンスの教科書』翔泳社，(2019).
　　データを用いて意思決定を行うための手法というスタンスで統計学を説明して
　いる。

［2］石崎克也・渡辺美智子『身近な統計』放送大学教育振興会，(2018).
　　応用例が豊富で，Excelによる分析を体験できる。

［3］秋光淳生『データの分析と知識発見』放送大学教育振興会，(2020).
　　データマイニング，機械学習の手法を統計解析ソフトウェアRを用いて体験で
　きる。

［4］高橋秀明『ユーザ調査法』放送大学教育振興会，(2020).
　　ヒトを対象とした調査法，実験法等を総合的に解説している。

演習問題

14.1 ある教員は自分の授業を改善するために、質問紙調査を行った。質問形式は、たとえば「この授業は分かりやすかった」という質問に対して、「1 = まったく当てはまらない」～「5 = よく当てはまる」を選択する択一式と、たとえば「この授業の改善点を挙げてください」という質問に文章で回答する自由記述式の2種類とした。この調査により得られたデータの種類・性質を挙げよ。

14.2 以下の説明の誤りを正せ。
「平均は順序尺度以上の尺度水準のデータに適用できる。平均は標本全体の傾向を反映した代表値であり、極端な値の影響を受けにくい。」

14.3 以下の説明の誤りを正せ。
「標準偏差やその平方根である分散はデータのばらつきの指標で、共分散や相関係数は2変量の増減の対応の指標である。」

 　e-Stat（https://www.e-stat.go.jp/）で公開されている調査データの中から、興味のある調査を選び、どのような調査項目があるか調べてみよう。

15 │ 情報技術が変える社会

│ 大西 仁

《**目標＆ポイント**》 情報通信技術は生活や産業など社会全般に影響を与えてきた。ここでは、2021年2月時点で進行中の社会の変化とそれを支える情報通信技術について事例を挙げて説明する。

《**キーワード**》 デジタルトランスフォーメーション、ソサイエティ5.0、サイバーフィジカルシステム、シェアリングエコノミー、ブロックチェーン

1. デジタルトランスフォーメーション

　電話、ラジオ・テレビ、インターネット、携帯電話等の情報通信技術は、産業や日常生活等の社会全般に影響を与えてきた。日本でインターネットが一般に普及したのは1990年代後半とされている。それ以降の個人の生活に限定しても、電子メールやメッセージングツールによるコミュニケーション、ブログやツイッター、動画共有サイト等による情報発信、インターネットを使用した通信販売による買い物、インターネットオークション、交通機関や宿泊施設をインターネットで予約するチケットレスの旅行、飲食物の出前代行等の仕事のマッチング、等々枚挙にいとまがない。

　本書を執筆している2021年1月時点で、デジタルトランスフォーメーション（DX）というキーワードが盛んに用いられている。DXの元々の定義は、情報通信技術により生活のあらゆる面をより良く変えること

である。経済産業省の「デジタルトランスフォーメーションを推進するためのガイドライン（DX推進ガイドライン）Ver.1.0」[1] によると、DXは「企業がビジネス環境の激しい変化に対応し、データとデジタル技術を活用して、顧客や社会のニーズを基に、製品やサービス、ビジネスモデルを変革するとともに、業務そのものや、組織、プロセス、企業文化・風土を変革し、競争上の優位性を確立すること」と定義されている。

第14章で、データを活用して生産性の向上と経営の効率化を図らなければ企業は生き残れないと述べたが、効率化にとどまらず、業態（ビジネスモデル）や組織を変革して競争優位性を確立しようというものである。日本は少子高齢化が進み、労働力不足、医療費用の高騰や介護人材の不足等の問題を抱えており、企業に限らず、さまざまな分野で変革が求められていて、情報通信技術は変革を支える基盤技術として期待されている。

2. サイバーフィジカルシステム

（1）ソサイエティ5.0とサイバーフィジカルシステム

ソサイエティ5.0は、2016年度から2020年度までの第5期科学技術基本計画において、狩猟社会、農耕社会、工業社会、情報社会に続く、日本が目指すべき未来社会の姿として提唱された「サイバー空間（仮想空間）とフィジカル空間（現実空間）を高度に融合させたシステムにより、経済発展と社会的課題の解決を両立する、人間中心の社会（Society）」である[2]。ここで、サイバー空間とはコンピュータやネットワークの中に広がるデータ領域のことであり、フィジカル空間は人間や

1) https://www.meti.go.jp/press/2018/12/20181212004/20181212004-1.pdf（2021年2月9日閲覧）
2) https://www8.cao.go.jp/cstp/society5_0/（2021年2月19日閲覧）

情報機器に限定されないさまざまなモノ（物）が存在する空間のことである。サイバー空間とフィジカル空間を高度に融合させたシステムとは、フィジカル空間でさまざまなモノに情報収集のためのセンサーと通信機能を備えて情報収集を行い、それをサイバー空間で分析してフィジカル空間にフィードバックすることで、機器を制御したり、意思決定を支援したりするシステムのことである。このようなシステムをサイバーフィジカルシステム（Cyber-Physical System：**CPS**）と呼ぶ。

CPSと似たシステムとして、2010年代以降のキーワードであるモノのインターネット（Internet of Things：IoT）があり、その前にはユビキタスコンピューティング、ユビキタスネットワーキング等、さまざまな名称で呼ばれてきたが、このようなシステムの研究は1980年代から行われている。技術の発展と競争優位性や労働力不足といったニーズが構想に追いつき、科学技術政策の柱となったと考えられる。

モノがネットワークにつながることでどのようなことができるのかについて、いくつか場面を例に考えてみよう。

家庭

照明、エアコン、テレビ等の電気機器の操作をスマートフォンで行うことができれば、いくつものリモコン装置を持つ必要がなくて便利なだけでなく、外出時に家の外から操作できるので、外出してから機器の電源の切り忘れに気づいたらその場で電源を切ることができるし、帰宅直前にエアコンの電源を入れることもできる。また、家の鍵の開閉をスマートフォンで行うことができれば、外出時に自動で施錠できるので、鍵の閉め忘れの心配がないし、帰宅時に自動で開錠することも可能になり、荷物で両手がふさがっているときに便利である。

HEMS（Home Energy Management System）は、家の電気機器や

ガス機器をネットワークにつないで、電力使用量、ガス機器のガス使用量を可視化したり、機器を自動制御することにより、エネルギー消費を効率化するエネルギー管理システムである。家庭でも太陽光発電、発電とその際の排熱を給湯や冷暖房に利用するコジェネレーションシステム、電気自動車にも搭載されている蓄電池等、エネルギー源が複数あり、エネルギー源の最適な選択を行うこともHEMSの機能である。このシステムを地域レベルに広げれば、エネルギーの融通が可能になり、さらに効率化が図られる。

　家の中のモノがネットワークでつながることにより、それらの使用状況をモニタリングすることで、住人の暮らしぶりがある程度推測できるので、独り暮らしの高齢者の見守りに利用することもできる。カメラを利用すればより正確にモニタリングすることができるが、住人のプライバシーを考慮すると、鍵の開閉や機器のリモコンの使用等の限定的な情報をモニタリングする方が望ましいかもしれない。腕時計型の情報端末であるスマートウォッチには、歩数や心拍の計測、心電図等の身体状態や活動を計測する機能をもつものも多い。普段から身体に装着しているモノでデータを取得、蓄積して、それらを自働的に分析することで、異常の可能性を通知したり、健康のためのアドバイスをしたりすることができる。

移動（モビリティ）

　自動車の**自動運転**は1980年代から研究されてきたが、本書を執筆している2021年1月時点で、条件つきながらシステムが運転主体となる「レベル3」の自動運転車が発売直前という状況にある。自動運転は、車の位置情報や走行環境データをセンサーで取得したり、他車や道路設備・管理センターから無線通信で受信したりして、そのデータをコン

ピュータで分析し、それを基に車を制御する。車で取得されたデータ
は、管理センターに無線通信で送信されて、走行環境データの更新や運
転法の改善に用いられる。

　自動運転は車がネットワークでつながっているシステムであるが、車
がネットワークでつながっていることにより可能になるのは自動運転だ
けではない。センサーが事故を検知したり、エアバッグが作動したら、
自動的に警察や消防に通報することで、運転者や乗車している人が通報
できない状態でも迅速に通報することができる。GPSの情報を利用する
ことにより、事故の発生場所も特定することができる。GPSの情報は盗
難車の追跡にも利用できる。

　また、すでに日本でも導入されているテレマティクス保険は、自動車
の運転データから事故発生の確率を計算して、それを基に自動車保険の
保険料を算定するしくみである。安全運転が保険料を引き下げるインセ
ンティブとなるため、交通事故の発生を抑制する効果も期待される。

工場

　工場における生産プロセスの自動化は（可能な部分については）古く
から行われてきたが、工場をCPS化した**スマート工場**は第4次産業革命
（インダストリー4.0）[3] の根幹とされている。

　スマート工場は、生産の自動化に限らず、データを活用して、業務プロ
セスの最適化、品質・生産性の向上、自社製品の価値向上を目指す。そ
のために、機械や製造物等の生産現場のモノだけでなく、基幹システム[4]

3）　第1次産業革命は18世紀から19世紀にかけての蒸気機関による機械化、第2次
産業革命は20世紀初期の電気機関とベルトコンベアーによる大量生産、第3次産業
革命は20世紀後期のコンピュータと産業用ロボットによる自動化。
4）　経営の基幹を担うシステムの総称で、在庫や仕入れの管理、販売、生産、会計、
人事給与に関するシステムなどを含む。

等もネットワークにつなぎ、データの収集、分析、活用を行う。

　たとえば、機械の稼働状態をモニタリングすることで、故障の予兆を捉え、適切なタイミングでメンテナンスや交換を行うことで、故障による生産ロスを防ぐことができる。また、機械・生産物・作業者等をモニタリングすることで、人員や機械等を融通して生産ロスを防いだり、人員配置を最適化することで生産効率を上げることができる。技術力の高い作業者やチームを分析し、そのノウハウを共有することで、全体の技術力向上にもつながる。さらに、原材料や部品等を最適なタイミングで発注することができるようになる。生産の状況を原材料や部品の供給企業や物流企業と共有すると、原材料の調達から消費者の手元に届くまでのサプライチェーン全体の効率化が図られる。

　多品種少量生産は、多様化した顧客のニーズに合った商品を提供することで、製品価値を上げることができる。一方、仕様の異なる商品を生産する際には、段取りや生産ラインを変更する必要があり、変更をしている間は生産できないので、生産ロスが生じて効率が悪い。そこで、顧客のニーズに合わせた製品を大量生産並みの生産効率で実現するのがマスカスタマイゼーションである。たとえば、システムが作業スペースの状態をモニタリングしながら、次に作業すべき対象や組み立て工程などを作業員に提示して、的確な作業を支援する。システムがこのような機能をもつには、受注情報等を扱う基幹システムと生産ラインが連携する必要がある。

フィールド

　日本における農業は重労働・低収入等の要因により従事者が減少している。世界的には人口が増加しているのに対して、気候変動や環境汚染等により耕作可能な土地が減っている。また、水害や病虫害等も発生す

る。このような背景から農業の作業負荷軽減、効率化が望まれている。これらを実現するためにCPSに期待がかかっている。

　気候・土壌・水・作物の生育状態等をモニタリングすることはすべての基本になるが、圃場にセンサーを設置すれば出向かなくても自動的にモニタリングすることができる。また、ドローン（無人航空機）で圃場を空撮すれば、広範囲の情報を得ることができる。収集したデータを分析することにより、生育状態を把握したり、病虫害の予兆を捉えたりすることが可能になる。状況を把握したら、過去の栽培データを利用して最適な処置を決定できる。精密な状況把握と栽培データによる処置法の最適決定により、収穫量の増加や品質向上が期待できる。

　農作業の作業負荷軽減は、トラクター、田植機、コンバイン等の自動操縦、ドローンによる農薬散布、人体に装着して動力により作業負荷を軽減するパワーアシストスーツ等により実現される。ここでは圃場の作業を念頭に説明したが、CPSは一次産業のさまざまな場面に適用できる。

（2）CPSを支える情報通信技術
センサーと通信ネットワーク

　センサーは対象となる物理量または化学量をコンピュータで扱える信号に変換する装置であるが、フィジカル空間の情報をサイバー空間に入力するインタフェースの役割を担う。センサーで取得したデータは分析を行うコンピュータに通信ネットワークで送られる。移動するモノや屋外で使用されるモノは無線通信で接続することが多い。日本では2020年に第5世代移動通信システム（5G）のサービスが開始された。5Gは高速大容量、低遅延、多接続という特色をもつ。高速大容量は解像度の高い動画像のような大きなサイズのデータの通信を可能にし、低遅延は自動運転のように反応の遅れが許されない制御を可能にし、多接

続は1つの基地局に同時に多数の端末（モノ）を接続することを可能に
する。

5Gの特色はいずれもCPSの実現にとって重要であるが、高速大容量
は消費電力を大きくするため、電源の確保が問題になる。特に、人里離
れた場所の環境情報をモニタリングする場合、そのような場所には電源
が整備されていないことも多い。その場合、センサー等のモノの充電や
電池交換のために頻繁に現地を訪れるのでは、遠隔でモニタリングする
利点が小さくなる。そのような条件に適した無線通信技術がLPWA
（Low Power Wide Area）である。LPWAはその名の通り、消費電力
を抑えて遠距離通信を実現する通信方式の総称である。通信速度は低速
なので、大きなサイズのデータの通信には適さないが、モノによっては
ボタン電池で数年間接続し続けることができる。

エッジとクラウド

センサーで取得されたデータは、処理能力の高いコンピュータ（ここ
ではサーバと呼ぶ）に送信されて、サーバで処理されることが多い。
データ処理は、複数のモノの情報やその他のデータを扱うので、情報を
集約するためにもサーバで処理を行う。サーバ等のコンピュータ資源を
自組織で保有せず、他組織が保有する資源を通信ネットワークを経由し
てサービスを受ける形で利用する形態を**クラウドコンピューティング**、
略してクラウドと呼ぶ。クラウドコンピューティングを利用すると、導
入の初期費用が低い、サービスの拡張やカスタマイズが可能、運用管理
の負担が小さい等のメリットがあり、CPSでもクラウドコンピューティ
ングを採用することが多い。

モノが取得したデータをすべてクラウド側に集約すると、クラウド側
の資源が追いつかなくなることが懸念される。そこで、クラウドですべ

て処理するのではなく、モノの近くにあるコンピュータ（エッジ）で処
理の一部またはすべてを行うエッジコンピューティングを採用すること
もある。エッジコンピューティングは、通信量の削減の他に、低遅延、
セキュリティリスクの低減という利点がある。

データ処理

　サーバやエッジに集められたデータは分析され、意思決定の基礎とな
る。データの活用全般については第14章で説明し、本章の第2節 **(1)**
ではCPSにおける利用シーンを述べた。分析や意思決定には、統計学、
機械学習、意思決定を数理的に支援するオペレーションズリサーチ、ヒ
トの知能の特定の機能をコンピュータで実現することで意思決定を支援
する**人工知能**等の技術が用いられる。

（3）CPSのセキュリティ

　CPSにおいて情報セキュリティが重要であることは言うまでもない。
特に、自動車や医療機器等の制御においては、情報セキュリティは生命
に関わる問題である。不正行為が行われなくても、電源の喪失や通信障
害が発生すると、CPSが機能しなくなる可能性がある。不正行為の阻止
はもちろんのこと、電源や通信のトラブルが発生したときの対策も必要
である。

3. シェアリングエコノミー

（1）インターネットが広げるシェアリングエコノミー

　シェアリングエコノミーとは、モノ・モビリティ・空間・スキル・金
銭等を交換したり、共有したりすることで成り立つ市場経済のしくみの
ことである。供給側は有形無形の遊休資産の活用で収入を得て、需要側

は安価、または便利に利用できるので、双方にメリットがある。古くから、フリーマーケットや古物商、レンタカー等は存在したが、インターネットを利用した基盤となる環境（プラットフォーム）により需要と供給のマッチングが円滑になり、地理的距離を超えての取引が可能になったり、個人が供給者として参加することが容易になったりした。また、モノを所有することへの価値観が低下し、所有から利用へ価値観が変化していることもシェアリングエコノミーが広がる一因となっている[5]。

モノのシェア

　インターネットオークションは、インターネットが普及して間もない1990年代の後半に始まっている。オークションは出品物を最も高い購入価格を提示した希望者に販売するしくみで、美術品のオークションや市場での競りや公共事業の入札等の比較的限られた状況で使用されていたが、インターネットオークションにより誰もが気楽に売り手・買い手としてオークションに参加して、規定の範囲内で何でも売買できる。価格の競り上げをせず、出品者が設定した価格で売買するのがフリマアプリである。

モビリティのシェア

　カーシェアリングは登録会員間で車の貸し借りを行うシステムである。車の貸主は企業の場合も個人の場合もある。インターネットで予約し、ステーションで免許証やスマートフォン等を鍵として車を借りる。使い終わったら出発したステーションに返却し、支払いはクレジットカードで行う。レンタカーと違い、ステーションが街中に配置されてい

---

5)　https://www.soumu.go.jp/johotsusintokei/whitepaper/ja/h30/pdf/n2500000.pdf（2021年2月2日閲覧）

る、店舗での手続きがなく予約後すぐに利用できる、分単位で利用できる、直前のキャンセルでもキャンセル料がかからない、乗り捨てができない、月会費が必要等の特徴がある。自転車のシェアリングサービスも似たようなしくみであるが、運営組織の自転車を用いて、任意のステーションでの乗り捨てが可能なサービスが多いようである。

　ライドシェアは個人間で有償で乗車を提供するサービスである。日本ではそのようなサービスはいわゆる白タクとして禁じられているが、普通免許やライドシェア用の免許でドライバーになれる国もある。ライドシェアでは、乗客がスマートフォンのアプリで目的地を入力して配車を注文する（現在地はGPSで自動的に取得）と、アプリが一番近いドライバーを探して依頼する。依頼が成立すれば、料金が分かり、支払いは登録したクレジットカードにより自動的に行われる。

空間のシェア

　一般の民家に旅行者を有償で宿泊させる民泊は、日本では2018年に法律で認められた。民泊のほかにも、個人や組織の保有する遊休スペースが駐車場、会議室、オフィス、イベントスペース等として貸し出されている。

　会議室やオフィス等を個室ではなく、オープンスペースとしてシェアしながら、複数の個人や組織が独立した仕事をするコワーキングというシェアのスタイルもある。コワーキングはコスト削減のほかに、参加者同士が社交を通して刺激し合い、仕事の相乗効果を図ったり、新たなビジネスチャンスを得るというメリットもある。

スキルのシェア

　企業において事業に必要なスキルは多様化し、変化も大きく、必要な

人材をすべて自社の社員として独占的・恒久的に雇用するのは難しくなっている。また、働き方改革などを背景として副業を認める企業も増えている。一方、すき間時間等、都合のつく時間帯に働きたいというニーズもある。

クラウドソーシングは、社外の不特定多数の人材に対して業務内容と報酬を提示して仕事を発注する手法である。アウトソーシングが特定の業者や個人に業務を発注するのに対して、不特定多数の人材を求めるのがクラウドソーシングである。一方、個人が自身の知識・経験・技能の提供先を募るのが**スキルシェア**である。提供するスキルは、企業がアウトソースするようなビジネスに関するモノだけでなく、家事・育児、学習支援・研修等、さまざまである。

金銭のシェア

クラウドファンディングとは、不特定多数の人から資金調達を行うことである。新しい製品やサービスを開発したい人、社会が良くなる活動をしたい人が資金を募ると、製品やサービスを利用したい人、活動に共感した人が資金を提供する。資金提供には、リターンのない寄付型、開発した製品やサービスを利用できる購入型、金銭的なリターンのある投資型がある。

クラウドファンディングは多数の人に資金提供を募るので、ニッチな企画でも資金が集まる可能性がある。また、資金の集まり具合からその製品やサービスが市場にどの程度受け入れられるかを知ることもできる。支援者は企画に共感したら少額でも支援することができる。また、これまでにない・またとない製品やサービスを受け取ることもできる。

（2）プラットフォーム

　シェアリングエコノミーサービスのプラットフォームは、会員管理、需要側と供給側のマッチング、決済等を行う。会員登録が簡単であること、仲介手数料が比較的低価格であること、検索・マッチング機能により、小規模・短時間なモノ・サービスでもシェアすることができる。

　一方、誰でも参加できるため、需要側と供給側の間でトラブルが発生しやすい。たとえば、モノのシェアリングでは、届いたモノの品質が悪い、代金を払ったのにモノが届かないという問題、モノの発送で氏名や住所等の個人情報が相手に知られるといった問題が考えられる。悪質な参加者の対策には、需要側と供給側の相互評価等の評価制度が導入されている。また、参加者の匿名性は保ちつつ、取引実績をプロフィールとして公開することにより、参加者に判断材料を提供している。代金を払ったのにモノが届かない問題の対策には、購入金を運営組織が一時預かりして、商品到着後に出品者に入金するしくみが採用されている。個人情報の保護に関しては、宅配便業者と提携して、アプリで生成された発送用のQRコードを用いることで、互いに個人情報を知られることなく発送することができるしくみが採用されている。

（3）ブロックチェーン
ブロックチェーンのしくみ

　前述のように、シェアリングエコノミーにおけるプラットフォームは、参加者の信頼性を担保しようとする等、安心・安全で便利な取引を支援する策を施している。しかし、運営組織が情報を独占していてはマッチングの透明性は不十分である。参加者や運営組織が評価情報を改ざんしても参加者はそれを知る手段がない。シェアリングエコノミーにおける改ざんの防止、透明性の確保、仲介手数料の削減にもつながる技

術としてブロックチェーンがある。

　ブロックチェーンとは、ネットワークで結ばれた複数のコンピューターに取引情報等のデータを検証可能かつ恒久的な方法で記録する台帳である。ブロックチェーンは、安価にシステムを構築できる、分散的（非中央集権的）な管理、改ざんや不正に強い、システムが停止しないといった特徴をもっている。なお、ブロックチェーンの方式にはバリエーションがあり、ここではそのうちの一形態を紹介する。

　ブロックチェーンは、P2Pネットワーク、電子署名、ハッシュ、合意形成アルゴリズムを組み合わせてできている。これらのうち電子署名とハッシュは第7章で説明した技術である。P2PはPeer to Peerの略で、P2Pネットワークとは、サーバを介さずに端末間で直接データを送受信する通信の方式である。P2Pネットワークは、すべての端末が対等でサーバを介さず通信を行うので、特定の端末が故障しても、システム全体が機能停止することはない。サーバを介した通信では、サーバに負荷が集中し、またサーバが故障したらシステムが機能停止になるので、サーバの処理能力を高くしたり、複数のサーバを用意して故障時にもシステムが機能停止しないようにする必要がある。そのような設備を構築しようとするとコストが大きくなる。P2Pネットワークを使用することで、機能停止しないシステムを安価に構築することができる。

　取引等の情報（トランザクション）を送受信する際には電子署名を使用することで改ざんを防止する。トランザクションはすべての端末で共有され、不正なものでないか検証される。この時点ではまだ取引は成立していない。検証済みのトランザクションは一定時間間隔でブロックにまとめられる。ブロックにまとめることが参加者の合意形成に相当する。図15-1に示すように、ブロックチェーンはブロックが時系列的につながった構造となっている。ブロックは一定時間間隔で発生した複数

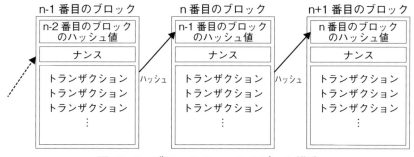

図15-1　ブロックチェーンのデータ構造

のトランザクション、直前のブロックのハッシュ値、ナンスと呼ばれる
数値からなる。

　ナンスはブロックのハッシュ値が一定以下の値になるように定められ
る。ハッシュ関数は特定の値を出力する入力値を推定することができな
いので、条件に合うナンスを発見するにはさまざまな値を試す必要があ
り、発見のために多大な計算量を要する。既存のブロックを改ざんする
と、そのブロックのハッシュ値が条件を満たすにはナンスを発見しなけ
ればならない。仮にナンスを発見できても、ブロックのハッシュ値が変
化するので、矛盾が生じないためには次のブロックのハッシュ値を変更
しなければならない。すると、次のブロックのナンスも発見しなければ
ならない。つまり、改ざんを施したブロック以降のすべてのブロックの
ナンスを発見しなければ、改ざんが発覚する。一方、ブロックの検証は
高速に行うことができるので、改ざんを行うのは極めて困難である。

　ナンスの発見には多大な計算量を要するが、この作業を参加端末が
競って行い、いずれかの端末が条件に合うナンスを発見すると、全端末
で検証を行う。検証が済めばブロックが追加されて、ようやく取引が成
立する。ナンスを発見した端末には報酬が支払われる。このような合意

形成システムにより、改ざんは困難になり、また参加者は改ざんを行う
動機がなくなる。

ブロックチェーンの応用

　ブロックチェーンは暗号資産（仮想通貨）を低手数料で送金するため
に開発されたが、暗号資産に限らず、信用が重視されるさまざまな情報
の記録・共有に使用できるしくみである。証券、保険、著作権管理、法
人登記、不動産登記、住民票、医療情報等の信用と個人情報保護が重視
される情報の記録・共有に向いていると考えられている。

　シェアリングエコノミーにおいては取引相手の信用が重要である。た
とえば、業務委託を行う場合、相手の能力や人柄が十分であるか調査し
たり、仲介業者を通したりするが、時間とコストを要する。ブロック
チェーン上で取引とその評価を記録・共有していくことにより、実績が
改ざんされることなく可視化されるので、信用を高めることができる。

　CPSにおいてもブロックチェーンの活躍が期待される。まず、ブロッ
クチェーンによるセキュリティ強化が挙げられる。たとえば、カーシェ
アリングや民泊の運営管理にブロックチェーンを用いれば、車や部屋の
鍵の偽造を防ぐことができる。また、サプライチェーンがブロック
チェーンで可視化されると、原材料の調達から生産、流通、販売、そし
て消費まで追跡可能になるので、問題が生じたときに原因究明や処置が
円滑になったり、表示偽装のような不正を防いだりすることができる。
さらに、事前にプログラムされた契約に沿って、取引を自動的に実行す
るようにすれば、部品や消耗品の在庫を検知して発注するまでのプロセ
スを自動化することもできる。

4. まとめ

　本章では、CPSとシェアリングエコノミー、そしてこれらを支えるブロックチェーンについて説明した。CPSとシェアリングエコノミーは、我々の生活に利便性をもたらすだけでなく、現代社会のさまざまな問題を解決する手段になることが期待される。しかし、CPSで自動化が進めば雇用が失われる可能性、シェアリングエコノミーと法規制等、社会をあるべき方向に動かすために考えるべきことがある。技術の動向だけでなく、これらの技術が社会に与える影響と関連する政策にも注目すべきである。

参考文献

[1] 神崎洋治『図解入門最新IoTがよ〜くわかる本』秀和システム，(2017).
[2] 長田英知『いまこそ知りたいシェアリングエコノミー本』ディスカヴァー・トゥエンティワン，(2019).
[3] 米津武至『絵で見てわかるブロックチェーンの仕組み』翔泳社，(2020).
[4] 葉田善章『身近なネットワークサービス』放送大学教育振興会，(2020).
　　CPSに関連する通信技術に関して数章を割いて説明している。
[5] 青木久美子・高橋秀明『日常生活のデジタルメディア』放送大学教育振興会，(2018).
　　情報通信技術が日常生活に与える影響を多面的に論じている。

248

演習問題

15.1 次の文の空欄に当てはまる語句を答えよ。

サイバーフィジカルシステム（CPS）とは、モノに取り付けたり、フィールドに設置した（　あ　）を（　い　）を介して収集し、処理能力の高いコンピュータで（　う　）などの手法で分析し、（　え　）を支援したり、機器を制御したりするシステムである。

15.2 次の文章の空欄に当てはまる語句を答えよ。

シェアリングエコノミーとは、インターネット上の（　あ　）を介して、主に個人間でモノ、モビリティ空間、（　い　）、金銭といった遊休資産を多くの人と共有・交換して利用する市場経済のしくみのことである。供給側のメリットは、家の空き部屋、たまにしか使わない車、特技等を提供し、その対価を得られることである。需要側のメリットは、所有しないモノや（　い　）を補うことができることである。（　あ　）のマッチング機能によりニッチなモノ・サービス、小規模・短時間なモノ・サービスでも取引することができる。

シェアリングエコノミーのデメリットは（　う　）のリスクである。たとえば、モノのシェアリングにおいて、モノが届かなかったり、品質が悪かったり、代金が支払われなかったりというトラブルが発生する可能性がある。トラブルを避けるためには（　う　）が重要である。そのため（　え　）を導入しているサービスが多い。

15.3 次の文章の空欄に当てはまる語句を答えよ。

　　ブロックチェーンは、安価に構築できる、非中央集権的運営、障害に強い、高い透明性、改ざん等の不正に強いという特徴をもつ情報の記録・共有システム（台帳）である。取引等の情報（トランザクション）を送受信する際には（　あ　）を使用することで改ざんを防止する。トランザクションは（　い　）によりすべての端末で共有され、不正なものでないか検証される。複数のトランザクションをブロックにまとめることで（　う　）を行う。ブロックは、複数のトランザクション、前のブロックの（　え　）、（　お　）からなる。（　お　）はブロックの（　え　）が一定の条件を満たすように定められる。

《演習問題の解答》

〈第1章〉

1.1 省略

1.2 ①情報 ②21世紀 ③情報弱者

④デジタルディバイド（情報格差）

〈第2章〉

2.1 ①標本化 ②量子化 ③誤差

2.2 500Hz

2.3 $00111110_{(2)} = 62_{(10)}$

2.4 1byte = 8bit, 1 Kbyte = 1024byte = 1024 × 8bit

1Mbyte = 1024 Kbyte = 1024 × 1024 × 8bit

1Gbyte = 1024Mbyte = 1024 × 1024 × 1024 × 8bit = 8589934592bit

〈第3章〉

3.1

In1	In2	Out
0	0	1
0	1	1
1	0	1
1	1	0

3.2

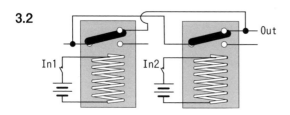

3.3 11111011

〈第4章〉

4.1 ①パケット　②IPアドレス　③32　④ルータ

4.2 ①IPアドレス　②分散　③ドメイン　④キャッシュサーバ
　　　⑤キャッシュ

〈第5章〉

5.1 ①7　②物理　③アプリケーション　④ネットワーク
　　　⑤トランスポート　⑥カプセル化

5.2 ①URI　②HTTP　③HTTPS　④ステートレス
　　　⑤クッキー/cookie

5.3 ①SMTP　②DNS　③POP/POP3
　　　④IMAP/IMAP4（③・④は順不同）　⑤TLS

〈第6章〉省略

〈第7章〉

7.1 直接的には、盗聴・漏洩、なりすまし、踏み台は機密性の侵害、破
　　　壊は完全性の侵害、DoS攻撃は可用性の侵害である。

7.2 公開鍵暗号方式では、送信者の公開鍵を持つ盗聴者に暗号文を復号
　　　されてしまう。電子署名では、送信者の秘密鍵でハッシュ値を暗号
　　　化できるのは送信者のみであることから、署名したのが送信者自身
　　　である証明になる。

〈第8章〉省略

〈第9章〉

9.1 (1)機械語　(2)コンパイラ方式のコンパイラ　(3)インタプリタ
(4)仮想機械

9.2 (1)マルチタスク　(2)仮想メモリ　(3)ファイル

9.3 (1)OS　(2)API　(3)BIOS　(4)ライブラリ　(5)OS

〈第10章〉

10.1 (2)は数字で始まるので変数の名前にできない。
(4)はPythonの予約語なので変数の名前にできない。

10.2 x = 6、y = 2

10.3 xを3で割った余りが0ならば1と表示し、余りが0でない場合、
xが5以上ならば2と表示し、xが5未満なら3と表示する。xが
10なので2と表示される。

10.4 whileループ内で、xは2ずつ増加し、sはxを累積加算する。sは
2+4+6+8+10と累積加算されるので、最終的に30と表示さ
れる。

10.5 x≧yならばx−yを返し、そうでないならy−xを返す。すなわち、
xとyの差の絶対値を返す。

〈第11章〉

11.1 (1)入力インタフェース　(2)ハードウェアインタフェース
(3)ソフトウェアインタフェース　(4)出力インタフェース

11.2 (1)GUI　(2)CUI　(3)CUI　(4)GUI

11.3

$$T = a + b \log_2 \left(\frac{D}{W} + 1 \right) = 0.2 + \log_2 \left(\frac{30}{2} + 1 \right) = 4.2 \ （秒）$$

11.4 たとえば、メタファを利用する。

〈第12章〉

12.1

(1)

a
1
2

(2)

a	b
1	2
2	3

(3)

a	b	c	d
1	2	2	3
2	2	2	3
2	3	3	3

(4)

a	d
1	3
2	3

12.2 学部の行事と練習日程が重ならないようにするため、部員が属する学部の一覧を知りたい場合は、重複しない方が都合がよい。学部ごとの部員数を求めたい場合は、重複した方が都合がよい。なお、SQLは、後者のような集計を行う機能をもっている。つまり、演算結果を自分で数えるのではなく、集計した結果を得ることができる。

〈第13章〉

13.1 ②、③、④

13.2 ①設計　②テスト　③ウォーターフォール　④アジャイル

254

13.3

(1)

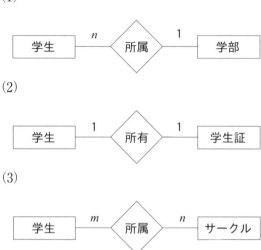

(2)

(3)

〈第14章〉

14.1 択一式の質問で得られたデータは数値データで、構造化データ。
自由記述式で得られたデータは文書データで、非構造化データ。
この教員にとっては1次データであるが、他者にとっては2次
データ。択一式で得られたデータは順序尺度であるが、択一式で
も「1. 犬、2. 猫、3. ハムスター」のような回答形式であれば、
得られるデータは名義尺度であることに注意されたい。自由記述
式で得られたデータはこのままでは尺度水準という概念が当ては
まらないが、回答を「1. 講義、2. 質問対応、3. 課題」のよう
に分類すれば、名義尺度データになる。

14.2 「平均は<u>間隔尺度</u>以上の尺度水準のデータに適用できる。平均は標本全体の傾向を反映した代表値であり、極端な値の影響を受けやすい。」

14.3 「<u>分散</u>やその平方根である<u>標準偏差</u>はデータのばらつきの指標で、共分散や相関係数は2変量の増減の対応の指標である。」

〈第15章〉

15.1 解答例：ⓐセンサー　ⓘ通信ネットワーク　ⓤ人工知能
ⓔ意思決定

15.2 解答例：ⓐプラットフォーム　ⓘスキル　ⓤ信頼関係
ⓔ評価制度

15.3 解答例：ⓐ電子署名　ⓘP2Pネットワーク　ⓤ合意形成
ⓔハッシュ値　ⓞナンス

索引

●配列は五十音順，＊は人名を示す。

●あ 行

アクセス制御機能　185
アジャイル開発　204
アセンブラ　135
アセンブリ言語　135
アドレス　131
アナログ　24
アナログ化　26
アプリケーションプログラミングインタ
　フェース（API）　141
誤り検出符号　34
誤り訂正符号　37
暗号化　108
暗号文　108
意匠権　123
意匠法　122
一次的なオラリティ　91
一般情報教育　21
一般データ保護規則（GDPR）　120
因果関係　228
インジェクション　103
インシデント　101
インターネットエクスチェンジ（IX）　65
インターネット・サービス・プロバイダ
　（ISP）　64
インデント　152
ウェブブラウザ　76
ウェブメール　81
ウォーターフォールモデル　202
営業秘密　124
エッジ　239
オープンデータ　217
オペレーティングシステム（OS）　139
オラリティ　91

オリジナリティ　90
オング＊　91

●か 行

カーシェアリング　240
外部設計　200
書かれたもの　95
鍵　109
加算　48
加算器　48
仮想機械　138
仮想メモリ　140
型　148
合衆国憲法修正第1条　95
カプセル化　73
可用性　100
下流工程　200
関数　155
完全修飾ドメイン名（FQDN）　66
完全性　100
官民データ　118
官民データ活用推進基本法　117
関連　205
機械語　132
基幹システム　204
技術的制限手段　124
機能要求　199
機密性　100
キャッシュサーバ　68
行　194
脅威　101
行政機関個人情報保護法　119
行政機関情報公開法　118
行政文書　118

共通鍵暗号方式　109
業務システム　204
『グーテンベルグの銀河系』　88
クッキー　79
国コードトップレベルドメイン　66
組み込み型　148
組み込み関数　155
クライアントサーバシステム　198
クライアント・サーバ・モデル　76
クラウドコンピューティング　238
クラウドソーシング　242
クラウドファンディング　242
経路表　62
結合　190
原子命題　44
考案　123
公開鍵　110
公開鍵暗号方式　109
交換　55
高級（プログラミング）言語　135
公衆送信　125
高水準（プログラミング）言語　135
口頭伝承　90, 91
高度情報通信ネットワーク社会　117
高度情報通信ネットワーク社会形成基本法
　（IT基本法）　116
コジェネレーションシステム　234
個人情報　120
個人情報保護法　119
コンテンツ基本法　123
コンテンツ事業者　123
コンテンツの制作　123
コンパイラ　136
コンパイル　136

●さ　行
差異　32
財産権　95
サイバーセキュリティ　117
サイバーセキュリティ基本法　117
最頻値　222
雑音　33
サブネットマスク　62
産業財産権法　122
参照モデル　71
自己に関する情報の流れをコントロールす
　る権利　97
実演　125, 126
実演家人格権　126
十進数　30
実体　205
実用新案権　123
実用新案法　122
自動運転　234
自動公衆送信　126
射影　189
十六進数　31
受託開発　196
条件付きジャンプ（条件分岐）　134
条件分岐　134
商号　123
乗算　52
冗長　38
商標　123
商標権　123
商標法　122
情報　179
情報化社会　10
情報活用能力　87, 90, 94
情報教育　13
情報公開法　118

情報資産　100
情報弱者　12
情報処理学会倫理綱領　95
情報セキュリティ　87
情報通信技術　9
情報様式　89
情報リテラシー　10
情報倫理　88
情報倫理教育　94
上流工程　200
除算　52
知る権利　97
人工知能　239
信頼性　36
スイッチ素子　44, 45
スキルシェア　242
ステートレス　79
スマート工場　235
正規化　193
脆弱性　101
生体認証　105
説明責任　118
ゼロデイ攻撃　106
ゼロトラストネットワーク　108
全加算器　49
選択　189, 190
相関係数　226
送信可能化　126
創造性　94
ソーシャル・ネットワーキング・サービス
　（SNS）　92
ソースコード　136, 201
ソースファイル　201
属性　187, 205
ソフトウェアの構成・構造　200
ソフトウェアの実現方法　200

●た　行
代表値　222
タプル　187
多要素認証　105
チップセット　43
知的財産基本法　117, 122
知的財産権　87
知的財産権の管理　123
中央値　222
抽象化　139
直積　191
著作権　89, 126
著作権・知財教育　95
著作権等管理事業法　126
著作権の制限　96
著作者人格権　126
著作物　125, 126
著作隣接権　126
ディレクトリ　141
データ　179
データ型　148
データサイエンス　15, 212
データの一元管理　180
データベース　179, 200
データベース管理システム　184
データベースモデル　180
データモデル　180
データリテラシー　88
テーブル　188, 194
デジタル　25
デジタル化　25
デジタルディバイド　12
デスクトップアプリケーション　198
デスクトップメタファ　168
デバイスドライバ　141
デバッガ　201

デバッグ 201
デフォルトゲートウェイ 62
電子情報通信学会行動指針 95, 96
電子署名 111
電子メール 80
統合開発環境 201
匿名加工情報 120
独立行政法人個人情報保護法 120
独立行政法人等情報公開法 118
特許権 122
特許法 122
ドメイン 187
ドメイン名 66, 124
トランジット 65

●な 行
内部設計 200
名前解決 66
二次的なオラリティ 91
二進数 30, 48
2の補数 51
入出力制御装置（I/O） 130
ネットワークアドレス 61

●は 行
ハードウェア 40
媒体 88
排他制御機能 185
排他的論理和 47
ハイパーテキスト 78
ハイパーリンク 78
バグ 201
パケット通信方式 56
バス 42
パスワード 104
派生物 92

パターンファイル 106
バックボーン 65
ハッシュ関数 111
ハッシュ値 111
発信者情報 121
バッファオーバーフロー 102
発明 122
パリティビット 34
半加算器 49
ピアリング 65
引数 156
非機能要求 199
非公知性 124
額に汗の理論 92
ビッグデータ 10
否定 46, 47
否定（NOT） 44
ひとりにしておかれる権利 97
秘密鍵 109
秘密管理性 124
標準化 36
標準ライブラリ 155
剽窃 89
標的型攻撃 106
標本 219
標本化 28
標本化定理 29
平文 108
ファイル 141
フィッツの法則 171
ブール代数 45
フェアユース 96
フォルダ 141
不開示情報 118
復号 108
不正アクセス禁止法 122

不正アクセス行為 122
不正競争防止法 124
プライバシー 87
プライベートピアリング 65
フリーピアリング 61
フリーライド 92
プログラミング 129
プログラム 129
プロジェクト 207
プロジェクトマネージャ 207
プロジェクトマネジメント 207
プロトコル 35, 71
プロトタイプ 198
プロバイダ責任制限法 121
分散 225
分野別トップレベルドメイン 66
平均 222
変数 146
ポインティングデバイス 165
法人文書 118
放送 125, 126
ポート番号 75
ポスター* 89
ホストアドレス 62
ホスト名 66, 77

●ま 行
マクルーハン* 88
マザーボード 43
マルウェア 103
マルチ集合 193
マルチタスク 140
マルチメディア 32
マルチモーダルインタフェース 176
無条件ジャンプ 133
命題 44

メーラ 81
メタサイエンス 17
メディア 88
メモリ 41, 130
メンタルモデル 173
モールス符号 55
モジュール 156
戻り値 156

●や 行
有形的な媒体への固定 95
ユーザインタフェース 165, 200
ユーザビリティ 166
有線放送 126
有用性 124
ユニバーサルデザイン 173
要求が変化 204
要求分析・定義 198
要配慮個人情報 120

●ら・わ行
ライドシェア 241
ライブラリ 142
リスク 101
リスト 150
リテラシー 91
量子化 29
リレーショナルデータベース 193
リレーショナルデータベース管理システム
　（RDBMS） 193
リレーショナルモデル 180, 187
リレーション 187
リレーションスキーマ 187
リレーションに対する演算結果はリレー
　ション 189
ルータ 58

レコード　125, 126
列　194
論理演算　44
論理積　47
論理積（AND）　44
論理和　47
論理和（OR）　44
ワールド・ワイド・ウェブ　76
忘れられる権利　97
割り込み　133

●アルファベット類ほか
1つのタプルが1件のデータ　188
21世紀型スキル　11
ACM　96
AND　44
API　141
BIOS　142
Bluetooth　43
CPS　233
CPU　41, 130
CRUD　193
CSS　78
def文　157
DNS　67
E-R図　205
E-Rモデル　205
FQDN　66
from文　156
GDPR　120
GUI　166
HEMS　233
HTML　78
HTTP　79
https　77

I/O　130
ICTリテラシー　11
IDE（統合開発環境）　201
IEEE　96
IM　80
IMAP　83
import文　156
Internet of Things：IoT　10
IP　74
IPアドレス　61
ISP　64
IT基本法　116, 117
IX　65
NOT　44
OECDプライバシー8原則　119
OR　44
OS　139
OSI　71
POP　83
RDBMS　193
return文　157
S/MIME　84
SMS　80
SMTP　82
SNS　92
SQL　193
TCP　74
TCP/IP　74
Tier1　65
UDP　74
USB　43
UX　166
Webアプリケーション　198
whileループ　154
WYSIWYG　168

分担執筆者紹介

（執筆の章順）

児玉　晴男（こだま・はるお）

・執筆章→第6・8章

1952 年	埼玉県に生まれる
1976 年	早稲田大学理工学部卒業
1978 年	早稲田大学大学院理工学研究科博士課程前期修了
1992 年	筑波大学大学院修士課程経営・政策科学研究科修了
2001 年	東京大学大学院工学系研究科博士課程修了
現在	放送大学特任教授・博士（学術）（東京大学）
専攻	新領域法学・学習支援システム
主な著書	先端技術・情報の企業化と法（共著，文眞堂）
	知財制度論（放送大学教育振興会）
	情報・メディアと法（放送大学教育振興会）
	情報メディアの社会技術―知的資源循環と知的財産法制―
	（信山社出版）
	情報メディアの社会システム―情報技術・メディア・
	知的財産―（日本教育訓練センター）
	ハイパーメディアと知的所有権（信山社出版）

森本　容介（もりもと・ようすけ）

・執筆章→第12・13章

1977 年	徳島県に生まれる
2005 年	東京工業大学大学院社会理工学研究科博士課程修了
現在	放送大学准教授，東京医科大学兼任准教授・博士（工学）
専攻	教育工学
主な著書	Webのしくみと応用（放送大学教育振興会）

編著者紹介

加藤　浩 (かとう・ひろし)

・執筆章→第1・2・3・4・5章

1959 年	広島県に生まれる
1999 年	東京工業大学大学院総合理工学研究科博士課程修了
現在	放送大学教授，熊本大学客員教授・博士（工学）
専攻	教育工学，科学教育
主な著書	認知的道具のデザイン（共編著　金子書房）
	プレゼンテーションの実際（培風館）
	CSCL2: Carrying Forward the Conversation
	（分担著　Lawrence Erlbaum Assoc.）

大西　仁 （おおにし・ひとし）

・執筆章→第7・9・10・11・14・15章

1967 年　　千葉県に生まれる
1995 年　　東京工業大学大学院総合理工学研究科博士課程修了
現在　　　放送大学教授・博士（学術）
専攻　　　認知科学，情報通信工学
主な著書　類似から見た心：認知科学の探究（共編著　共立出版）
　　　　　問題解決の数理（放送大学教育振興会）

放送大学教材　1170040-1-2211（テレビ）

改訂版　情報学へのとびら

発　行　　2022年3月20日　第1刷

編著者　　加藤　浩・大西　仁

発行所　　一般財団法人　放送大学教育振興会
　　　　　〒105-0001　東京都港区虎ノ門1-14-1　郵政福祉琴平ビル
　　　　　電話　03（3502）2750

Printed in Japan　ISBN978-4-595-32348-5　C1355